LES IVGEMENTS ASTRONOMIQVES SVR LES natiuitez.

***

Par Auger Ferrier Medecin, natif de Tholouze.

A ROVEN,

Chez Nicolas Lescuyer demeurant à l'aistre nostre Dame, à la Prudence.

1583.

A TRESILLVSTRE ET TRESVERTVEVSE PRINCESSE MADAME CAtherine Royne de France, Auger Ferrier Medecin, humble S.

SCACHANT, Madame, le vouloir que portez aux bonnes lettres, & le plaisir que prenez à lire toutes œuures philosophiques, mesmement celles qui appartiennent aux hautes cognoissāces des astres, ie me suis enhardi d'escrire & vous dédier le present traicté des Iugements Astronomiques, estimant que mon entreprise assez temeraire, pourroit par vostre faueur & humanité accoustumee, pour vertueuse estre receuë. Et combien que l'argument soit peu digne de vostre maiesté, toutesfois considerant telles sciences auoir esté iadis par vos predecesseurs en l'excellente trouppe des Philosophes de leur temps recognues, i'ay pensé que pour le moins ie susciterois la memoire de l'honneste entreprise de vos ancestres, en produisant vne des vertus par eux longuement obseruee. Il est trop certain que l'Accademie par eux erigee n'estoit moindre que celle d'Athenes en excellence & varieté de disciplines, & que autre n'estoit leur intention, que de perpetuer leurs noms en illustrant l'Italie de toute sorte de sçauoir. En quoy semble que, comme droit d'heritage, à vous soit paruenue vne pareille solicitude d'illustrer le Royaume de France de tresutiles & tresnobles disciplines, comme sont les Mathematiques & autres contemplations naturelles. Lesquelles par la prouidence du treschrestien Roy, & par vostre faueur sont maintenues, & si hautement au temps present esleuees, qu'il semble le siecle tant desiré estre venu, auquel les Princes se doyuent accommoder à la Philosophie. Ce qui grandement excite les bons esprits à estudier, & de leurs estudes profiter à la Republique, en escriuant ce qui par les anciens a esté dissimulé, ou totalement ignoré, ou non suffisamment expliqué. Desquels suyuant la trace, i'ay entrepris sous vostre faueur escrire, & vous presenter ce sommaire des Iugements Astronomiques sur les natiuitez, à fin que apres l'histoire des Cieux, & Theorie des Planettes, les influences tant desirees viennent desormais en euidence, pour cognoistre les biens & les maux qui des astres, comme causes naturelles, prouiennent aux humains. Lequel vous prie receuoir pour aggreable, ayant esgard à la bonne volonté de la personne, qui toutes ses meditations, estudes & labeurs, humblement destine au seruice de vostre maiesté.

IVGEMENTS ASTRONOMIQVES SVR LES natiuitez.

***

LIVRE PREMIER.

De la Figure celeste d'vne natiuité.

CHAPITRE I.

POVR iuger des horoscopes & natiuitez selon la tradition des anciens & sçauãs Astrologues, il conuient premieremẽt dresser la figure celeste, & en icelle appliquer les sept planettes, auec la teste & queuë du dragon lunaire, ensemble la partie de fortune, & la partie de l'ame, & autres plus appartenantes aux hautes & notables significations des astres. Pour dresser doncques facilement la figure celeste, il faut en premier lieu noter l'an, le iour, & l'heure auec la plus prochaine minute du temps de la natiuité que vous aurez entreprinse. Ce nombre d'heures & minutes il faut accommoder à la maniere de nombrer des Astrologues, qui en leurs tables cõtent tousiours les heures apres midy tant de iour que de nuict : & ne disent iamais vne heure, deux heures, trois heures apres minuict: ains nõbrent treize heures, quatorze heures, quinze heures apres midy. Cecy faict, cerchez dans les Ephemerides à la table de l'annee de vostre natiuité, au droict du mois & iour proposé, le degré du signe auquel est alors le Soleil. Entrez apres en la table des maisons, qui sert à la latitude de vostre region, & cerchez là ledit degré du Soleil, sous la ligne de la dixiéme maison. Ayant rencontré audit lieu ledit degré du Soleil, vous trouuerez directement à main gauche de ladite table

table vn nombre d'heures & minutes, lequel escrirez à part. A ce nombre il faut adiouster les heures & minutes, qui vous ont esté baillees de ladite natiuité. Et ce qui par addition resultera, il faut cercher dedans ladite table des maisons: & là où vous trouuerez ledit nombre d'heures & minutes prouenãtes de ladite addition, vous prendrez à droite ligne les poincts & commencements des six maisons que trouuerez marquees. Lesquelles vous rangerez sur vostre figure, cõmençant au poinct de la dixiéme, & continuant vers la main gauche. Les commencemens des autres six maisons vous prendrez des opposites signes. S'il aduiẽt que cé nõbre d'heures & minutes passe vingt & quatre heures, il conuient alors soustraire vingt & quatre heures dudit temps, & le residu cercher cõme nous auons dit. Si l'heure de ladite natiuité est sur le poĩct de douze heures de midy, vous prendrez les maisons à droite ligne du degré du Soleil en la table de vostre latitude, sans faire autre additiõ, ou substraction. Et ce quant à la figure estimatiue: dedans laquelle est besoing appliquer à tout le moins le mouuemẽt de la Lune exactemẽt calculé selon les vulgaires canons des Ephemerides, pour apres verifier vostre natiuité par l'heure de la conception, ainsi que s'ensuit.

De la verification de l'heure de la natiuité.

CHAPITRE II.

DElaissant l'Animodar de Ptolomee, & les rencontres de Schoner, & toutes autres voyes incertaines (combien qu'elles ayent leurs autheurs) de verifier les heures des natiuitez, ie suiuray presentement la methode d'Hermes par longue experience approuuee, & confirmee par Ptolomee en son Centiloque, & par Abraham

Abraham Auenesræ, par Alphonse, Leopolde, Haly, & autres plus experts Astrologues. Dit Hermes, que l'ascendant d'vne natiuité a esté le lieu de la Lune au temps de la conception: & que l'ascendant de la conception est le lieu de la Lune à l'heure de la natiuité. Qui voudra donques estre à peu pres certifié de l'heure & minute d'vne natiuité, & du vray ascendant, il faut qu'il employe la doctrine d'Hermes par la methode ensuyuante. Premierement qu'il regarde en la figure estimatiue si la Lune est dessus l'horizon, ou dessous. Si elle est dessus l'orizon, cõtez la distance qui est entre le poinct de la septiéme maison & la Lune : si elle est dessous l'horizon, contez la distance qui est depuis la premiere maison iusques à la Lune. Ceste distance en signes & degrez vous cercherez en la table qui s'ensuit, soubs le tiltre de la Lune dessus l'horizon ou dessous, cõme vrayement l'aurez trouuee en ladite figure. A droite ligne de ladite distance vous trouuerez le temps que l'enfant aura demeuré dedans le ventre de sa mere, en certain nombre de iours. Lesquels conterez du iour de vostre natiuité, en reculant : & là où le nõbre finira, marquerez le iour de la conception si la Lune se trouue au signe de l'ascendant estimatif. S'il ne se trouue audit lieu, reculez ou auancez de quelques iours vostre côte, iusques à ce que ayez trouué la Lune dedans ledit signe, nõ loing du degré ascendant en ladite figure. Ce iour considerez en quelle heure monte au poinct d'orient le lieu auquel aurez trouué la Lune en la figure estimatiue, & à ceste heure calculez le mouuement de la Lune. Car ce degré & minute auquel l'aurez trouuee, il vous faut mettre en l'ascendant de vostre natiuité. Et pour sçauoir l'heure en laquelle le lieu de la Lune de la natiuité monte au poinct d'orient au temps de la conception, prenez premierement l'ascésion oblique dudit lieu de la Lune, dedans la table des directiōs de vostre region, au liure de Iean de Regiomonte. D'icelle ascension ostez en 90. degrez (en y adioustant le cercle entier, qui est de 360. degrez, quand autremēt la substraction ne se pourroit faire) le residu sera l'ascension droite du haut poinct du cercle meridiē. Prenez apres l'ascension droite du Soleil, & ostez-la par substraction de l'ascension droite dudit poinct du meridien, en y adioustant 360. degrez s'il est necessaire: & tournez ce qui reste en heures & minutes, en donnant à trente degrez deux heures, à quinze degrez vne heure, à vn degré quatre minutes d'heure, à quinze minutes vne minute d'heure, par ceste façon paruiendrez exactemēt à l'heure de la conception à laquelle calculerez le lieu de la Lune, & iceluy bien calculé mettrez au poinct de la premiere maison en la figure de la natiuité. Aucuns pour ceste verification dressent & garnissent des mouuemens des planettes quatre figures. L'vne de l'heure estimatiue de la natiuité: l'autre de la precedente conionction ou oppositiõ des luminaires: la tierce de la verification par l'Animodar: la quatriéme, de la conception. Lesquels outre l'inutile & superflu labeur, errent grandement, cuidans ranger le temps de la conception par l'Animodar de Ptolomee. Ce que l'experience de iour en iour demonstre estre faux: & n'y a aucun autheur ancien, qui se soit aidé, ou ait fait mention de ceste nouuelle doctrine pleine d'ostentation, & de desprouueuë verité.

La table du temps que l'enfant demeure dedans le ventre de sa Mere.

La lune

La Lune estant sous l'horison, contant depuis l'ascendant.			La Lune estant dessus l'horizon, contant depuis la septiéme.	
Sign.	*degr.*	*iours*		*Iours*
0	0	273	*Moyēne demeure*	258
0	12	274		259
0	24	275		260
1	6	276		261
1	18	277		262
2	0	278		263
2	12	279		264
2	24	280		265
3	6	281		266.
3	18	282		267
4	0	283		268
4	12	284		269
4	24	285		270.
5	6	286		271
5	18	287		272
5	29	288	*Longue demeure*	273

La maniere de dresser parfaictement ladite figure verifiee.

CHAPITRE. III.

AYant mis au poinct de la premiere maison le degré & minutes de la Lune du temps de la conception, prenez les ascensions obliques desdits degrez & minutes. Ostez apres 90. degrez desdites ascensions, en y adioustant 360. degrez, si autremẽt la substraction ne se peut faire. Ce qui restera sera les ascensions droites du haut poinct du cercle meridien. Lesquelles cercherez en la table des ascensions droites, au liure d'Alphonse, ou de Iean de Regiomonte, &c. & mettrez au poinct de la dixiéme maison les degrez & minutes du signe que trouuerez respondre à droit cõtre desdites ascensions droites. Le poinct de la quatriéme est tousiours opposite au signe & degré de la dixiéme: semblablemẽt le poinct de la septiéme au poinct de la premiere. Les autres maisons suffira prendre des Ephemerides, pource que ne desirent exacte calculation: veu que la pluspart des Astrologues les aiment plus prendre de l'egale portion de l'ecliptique, que de la section horizontale. Pour sçauoir l'heure exacte de ladite figure, verifiez premier lesdites ascensions droites du meridien, & ostez d'icelles les ascensions droites du Soleil. Ce qui restera tournez en heures & minutes, en dõnant à quinze degrez vne heure, à chacun degré quatre minutes d'heures, &c. comme auons dit par auant. A ceste heure il faut nouuellement calculer le mouuement de la Lune, & du Soleil & des autres planettes: & sur ceste figure faut fonder les parties, & iugements Astronomiques.

Des parties des natiuitez.

CHAPITRE IIII.

APres auoir bien rangé les planettes en ladite figure verifiee, il faut confiderer là deffus certaines proportions des planettes, & parties du ciel, prinfes de leurs diftáces, ainfi que s'enfuit.

Les parties concernantes les fignifications de la premiere maifon.

La partie de la qualité de la vie, fe prend de la diftance de Iupiter à Saturne, contant autant d'efpace depuis l'afcendant, & ce quand la natiuité eft de iour: car quand elle eft nocturne, lon prend au contraire, la diftance de Saturne iufques à Iupiter, fuyuant l'ordre naturel des fignes, contant femblablement autant d'efpace depuis l'afcendát.

La partie de vie, de iour & de nuict, fe prend du degré de la precedente cõionction ou oppofition les luminaires iufques à la Lune, contant par l'afcendant.

dant.

La partie de l'ame (aucuns l'appellent la partie des choſes interieures & ſecrettes, les autres la partie des choſes futures, les autres la partie du Soleil) de iour depuis la Lune iuſques au Soleil, par l'aſcendant: de nuict au cōtraire.

La partie de l'entendement, de iour depuis Mercure iuſques à Mars, par l'aſcendant: de nuict au contraire.

De la ſeconde maiſon.

La partie de fortune, de iour depuis le Soleil iuſques à la Lune, par l'aſcendant: de nuict au contraire. Ptolomee la prend tant de iour que de nuict depuis le Soleil iuſques à la Lune.

La partie des biens, tant de iour que de nuict, depuis le ſeigneur de la ſecōde maiſon, iuſques à ladite ſeconde maiſon prinſe ſur l'equalité de l'ecliptique, par l'aſcendant.

De la tierce.

La partie des freres, de iour, depuis Saturne iusques à Iupiter, par l'ascendant: de nuict au contraire.

La partie de l'amitié des freres, de iour, depuis le Soleil iusques à Saturne, par l'ascendant: de nuict au cōtraire. Si Saturne est sous les rayons du soleil, prenez à son lieu Iupiter.

De la quatriéme.

La partie du pere, de iour depuis le Soleil iusques à Saturne, par l'ascendant: de nuict au contraire. Ceste cy est semblable à celle de l'amitié des freres: donc si Saturne est sous les rayons du Soleil, à son lieu faut prendre Iupiter.

La partie des heritages & possessions, de iour & de nuict, depuis Saturne iusques à la Lune, par l'ascendant.

La partie de fortune en cultures & semences, de iour & de nuict, depuis Venus iusques à Saturne, par l'ascendant.

De la cinquiéme.

La partie des enfans, eſt comme la partie de la qualité de la vie.

La partie des enfans maſles, de iour & de nuict, depuis la Lune iuſques à Iupiter, par l'aſcendant.

La partie des filles, de iour & de nuict, depuis la Lune iuſques à Venus, par l'aſcendant.

De la ſixiéme.

La partie des maladies inſeparables, de iour, depuis Saturne iuſques à Mars, par l'aſcendant: de nuict, au contraire.

La partie des ſeruiteurs, de iour & de nuict, depuis Mercure iuſques à la Lune, par l'aſcendant.

La partie de priſon & captiuité, de iour, depuis le ſeigneur du lieu du Soleil iuſques au Soleil, par l'aſcendant: de nuict, depuis le ſeigneur du lieu de la Lune iuſques à la Lune.

Si le Soleil de iour, ou la Lune de nuict ſōt en leurs propres maiſons ou exaltations,ils seront significateurs de ceste partie.

De la septiéme.

La partie du mariage des hommes,de iour & de nuict, depuis le Soleil iusques à Venus,par l'ascendant.

La partie du mariage des femmes,de iour & de nuict,depuis Venus à Saturne,par l'ascendant.

La partie de mariage commune aux hommes & aux femmes,de iour & de nuict,depuis Venus iusques au poinct de la septiéme maison,contant par l'ascendant.

La partie des alliez , de iour & de nuict,depuis Saturne iusques à Venus par l'ascendant.

La partie de discorde & accord , de iour,depuis Mars à Iupiter,par l'ascendant:de nuict au contraire.

De la huictiéme.

La partie de mort,de iour & de nuict, depuis la Lune iusques au degré de la huictiéme

huictiéme maison prinse sur l'equalité de l'ecliptique, contant du lieu de Saturne.

La partie du planette mortel, de iour, depuis le seigneur de l'ascendant iusques à la Lune, par l'ascendãt: de nuict au contraire.

La partie de l'an perilleux de mort, ou de pauureté, ou de quelque autre malheur, de iour & de nuict, depuis Saturne iusques au seigneur de la precedente cõionction ou opposition des Luminaires, par l'ascendant.

La partie de tous ennuis, de iour, depuis Saturne iusques à Mars: de nuict au contraire, contant du lieu de Mercure.

De la neufiéme.

La partie de foy & de religion, de iour, depuis la Lune iusques à Mercure, par l'ascendant: de nuict au contraire.

La partie des chemins par terre, de iour & de nuict, depuis le seigneur de la neufiéme iusques à la neufiéme, prinse sur l'equalité de l'ecliptique, par l'ascendant.

La partie des voyages par eaux, de iour, depuis Saturne iusques au quinziéme degré de Cancer, par l'ascẽdant: de nuict au contraire.

Si Saturne se rencontre audit quinziéme degré de Cancer, il sera significateur de ceste partie auec l'ascendant.

De la dixiéme.

La partie de noblesse, de iour, depuis le Soleil iusques au 19. degré d'Aries, contant par l'ascendant: de nuict, depuis la lune iusques au troisiéme degré de Taurus. Si la Lune de nuict est audit degré de Taurus, ou le Soleil de iour audit degré d'Aries, ils seront significateurs de ladite partie.

La partie du regne, de iour, depuis Mars iusques à la Lune, par l'ascẽdant: de nuict au contraire.

La partie des magistrats, comme la

partie de l'entendement descrite sur la premiere maison.

La partie de domination & victoire, comme la partie du pere.

La partie de subit auancement, de iour, depuis Saturne iusques à la partie de fortune, par l'ascendant: de nuict au contraire. Si Saturne est bruslé, prenez à son lieu Iupiter.

La partie d'estimation, de iour & de nuict, depuis Mercure iusques au Soleil, contant par l'ascendant.

La partie de gouuernements en faits de guerre, de iour, depuis Mars iusques à Saturne, par l'ascendant: de nuict au contraire.

La partie de la profession & action, de iour & de nuict, depuis Saturne iusques à la Lune, par l'ascendant.

La partie de l'honneur prouenant de la professiõ, de iour & de nuict, depuis le degré du Soleil iusques au degré de la dixiéme maison, par l'ascendant.

La partie de l'induſtrie des mains, de iour depuis Mercure à Venus par l'aſcendant: de nuict au contraire.

La partie du faict de marchandiſe, de iour, depuis la partie de l'ame iuſques à la partie de fortune, par l'aſcendant: de nuict au contraire.

La partie de felicité & de profit, de iour, depuis la partie de fortune iuſques à Iupiter, par l'aſcendãt: de nuict au contraire.

La partie de la mere, de iour, depuis Venus iuſques à la Lune, par l'aſcendant: de nuict au contraire.

De l'onziéme.

La partie des amis, de iour & de nuict, depuis Mercure iuſques à la Lune, par l'aſcendant.

La partie de louenge, de iour, depuis Iupiter iuſques à Venus, par l'aſcendant: de nuict au contraire.

La partie de compaignies honnorables, de iour, depuis la partie de fortune

tune iusques au Soleil, par l'ascendant: de nuict au contraire.

De la douziéme.

La partie des ennemis, de iour & de nuict, depuis le seigneur de la douziéme maison iusques à ladite douziéme, prinse sur l'equalité de l'ecliptique, par l'ascendant.

La seconde partie des ennemis, comme la partie des maladies inseparables descrite à la sixiéme maison.

La partie de peine, trauail, & affliction, de iour & de nuict, depuis la partie de l'ame, iusques à la partie de fortune.

Des latitudes, & aspects des planettes.

CHAPITRE. V.

AYant appliqué les planettes en ladite figure, & ordonné comme nous auons dit au precedent chapitre, les parties prouenantes des proportions desdites planettes, il faut consequemment tirer dès Ephemerides leurs latitudes, & mettre à part to⁹ les aspects qui sôt entre eux, & enuers lesdites parties, & douze maisons : ensemble les radiations selon le dernier probleme du liure des directions de Iean de Regiomonte. Sur quoy faut noter, que les aspects opposites ont tousiours latitudes diuerses à celles de leurs planettes, combien qu'ils retiennent le mesme nombre. Comme si Saturne auoit deux degrez de latitude Septentrionale, son opposition auroit deux degrez de latitude Meridionale. Le quadrat aspect n'a point de latitude, car il tombe tousiours sur l'ecliptique. Le trine aspect retient la moitié du nombre de la latitude, en contraire partie. Car si vne planette a vn degré de latitude Meridionale, son trine aura trente minutes de latitude Septentrionale. Le sextile retient le mesme

costé

costé auec la moitié du nombre. Il faut aussi noter, que les aspects de Saturne & de Iupiter ne s'estẽdent que iusques à neuf degrez: ou pour le plus loing que iusques à douze: Ceux de Mars iusques à huit: ou pour le plus, iusques à dix. Le Soleil estend ses rayons iusques à quinze degrez. Venus & Mercure iusques à pres de huict. La Lune iusques à douze. La teste & la queuë du dragon semblablement estendent leurs forces iusques à douze degrez.

Outre ce est à noter, que l'opposition est aspect d'ouuerte & parfaicte inimitié, le quadrat de moindre inimitié: le trine de parfaicte amitié: le sextil d'imparfaicte amitié. Ce qui toutesfois reçoit exception en Iupiter, & Venus, desquels les opposites & quadrats aspects proffitent au Soleil, & à la Lune, auec reception, ou sans reception: & aux autres aussi, auec reception.

Des fortunes & infortunes des planettes, & parties du ciel.

CHAPITRE. VI.

APres cecy il faut conſiderer les forces, & debilitations des planettes, des parties, & des maiſons: & conferant les vnes ſignificatiõs auec les autres, faut colliger les fortunes & infortunes de chacun lieu, ainſi que s'enſuit.

S'enſuyuent les infortunes.

Les planettes & autres lieux du ciel ſont dits infortunez, quand ils ſont bruſlez, ou ſous les rayons du Soleil. Bruſlez ſõt appellez Saturne & Iupiter, quand entre eux & le Soleil y a moins de douze degrez. Mars, quand il n'eſt eſlongné du Soleil à tout le moins de onze degrez & demy. Venus, & Mercure quand ils ſont pres au Soleil iuſques à onze degrez. La Lune quand

elle

elle n'est eslongnee de treize degrez & demy. Encores y trouue lon autres termes, quand lon veut prendre vn planette pour donneur des ans. Car alors les trois superieurs sont estimez bruslez tant qu'ils sont prochains du Soleil de quinze degrez, & ce, s'ils sont occidentaux: car quand ils sont orientaux, iusques à dix degrez sont bruslez : depuis les dix iusques à quinze, soubs les rayons. Venus & Mercure occidẽtaux prochains du Soleil de sept degrez, ou orientaux de cinq, sont bruslez : dés là iusques à douze, sont sous les rayons. La lune prochaine de douze degrez est bruslee: dés là iusques à quinze, sous les rayons Et faut noter, que lesdits accidents ne sont fort pernicieux, quãd ils sõt fai s aux signes d'Aries, & du Lyõ.

Infortunez sont aussi les planettes, quand ils sont retrogrades : & quand ils sont ioints à Saturne ou à Mars : ou quand ils reçoyuent mauuais aspects d'eux.

Quand ils ſont ioints à quelque eſtoile fixe de violente nature.

Quand ſont en leurs detriments, ou cheutes: c'eſt à ſçauoir, és lieux oppoſites à leurs maiſons ou exaltations.

Quand ils ſont dedans les maiſons cadantes.

Quand ſont ſtationaires premiers. C'eſt à dire, quand ſont au degré & minute auquel commence incontinent la retrogradation.

Quand ſont au chemin bruſlé, qui commence au 19. degré de Libra, & finit au 3. du Scorpion.

Quand ils ſont auec la queuë du dragon.

Quand ils ſont ioints à vn planette retrograde, ou autrement infortuné.

Quand ſont peregrins, ſans eſtre receuz. Peregrins ſont appellez, quand ils n'ont aucune dignité au lieu où ils ſont: de la reception nous dirõs apres.

Quand

Quand ſont meridionaux deſcendans.

Quand aucun des trois ſuperieurs eſt occidental: ou Venus & Mercure orientaux.

Quand ils ſont en mauuais aſpect du Soleil.

Quand ne regardent aucun autre planette.

Quand ſont oppoſites au ſeigneur du ſigne auquel ils ſont.

Quand ſont aſſiegez, c'eſt à ſçauoir entre deux malings planettes: combiẽ qu'il y ait trente degrez de diſtance.

Quand ſont dedans les maiſons ou termes des malings.

Quand ſont au douziéme ſigne de leurs principales maiſons.

Quand ſont ſous l'horizon de iour, ou deſſus l'horizon de nuict: s'ils ſont diurnes, comme Saturne, Iupiter, le Soleil.

Quãd ſont de iour deſſus l'horizon,

ou de nuict dessous : s'ils sont nocturnes, comme Mars, Venus, Mercure, la Lune.

Quand sont en signes & degrez feminins, s'ils sont masculins : ou en signes & degrez masculins, s'ils sont feminins : Feminins sont Venus, & la Lune : Mercure est Androgyne : les autres sont masculins.

Quand sont en degrez que lon nomme Azemenæ, ou degrez puteaux, tenebreux, & fumeux. Ce qui est marqué aux Ephemerides à la table des dignitez des planettes.

Infortunes particulieres à la Lune.

Quand elle décroit.

Quand elle est dedans la huictiéme maison, hors de ses principales dignitez.

Quand elle est dedans la sep iéme : & ce quand à la vie. Car quant aux autres significations, elle n'est infortunée dedans la septiéme.

Quand

Quãd elle eſt au 29. degré d'vn ſigne.

Quand elle eſt tardiue en ſon cours, c'eſt à ſçauoir, quand elle chemine en vingt & quatre heures moins de treize degrez & onze minutes.

Les fortunes des planettes.

Fortunez ſont les planettes, & autres lieux du ciel, quand ſont aux angles: ou à tout le moins és maiſons ſuccedantes.

Quand ſont en bon aſpect de Iupiter, ou de Venus: ou à tout le moins en mauuais, auec reception.

Quand ſont ioints au Soleil dedans ſeize minutes.

Quand ſont en bon aſpect du Soleil, ou de la Lune, où de Mercure fortuné.

Quand ſont ioints à quelque eſtoile fixe d'amiable nature.

Quand ſont directes, ou à tout le moins en la ſecõde ſtation. C'eſt à ſçauoir, quãd ſont au degré & minute auquel commence incõtinent la directiõ.

Quand ſont dedans leurs propres maiſons, ou exaltations.

Quand ſont en leurs triplicitez & termes enſemble, ou triplicité & face enſemble.

Quand ſont és maiſons, eſquelles naturellemẽt ils ſe reſiouïſſent. Comme Mercure en l'aſcendant, la Lune en la troiſiéme: Venus en la cinquiéme: Mars en la ſixiéme: le Soleil en la neufiéme: Iupiter en l'onziéme: Saturne en la douziéme.

Quand ils ſont en aucune de leurs dignitez: ou s'ils ſont peregrins, quand ſont receus. Receus dit on les planettes, qui reçoyuent aſpect de celuy qui en leur lieu a à tout le moins quatre dignitez. Laquelle reception eſt fortunable, quand elle eſt faite d'vn bõ aſpect. Toutesfois les receptions de Iupiter & de Venus ſont touſiours fauorables, combien que ne ſoyent faites de bons aſpects.

Quand

Quand ils montent en la partie haute de leurs cercles.

Quand sont Septentrionaux: principalement ascendans.

Quand aucun des trois superieurs est oriental: ou Venus & Mercure occidentaux.

Quand ils commencent à sortir hors des rayons du Soleil.

Quand sont és maisons, ou termes des fauorables planettes.

Quand sont dessus l'horizon de iour, ou dessous l'horizon de nuict: s'ils sont diurnes.

Quand sont dessous l'horizon de iour, ou dessus, de nuict, s'ils sont nocturnes.

Quand sont en signes & degrez masculins, s'ils sont masculins: ou en signes & degrez feminins, s'ils sont feminins.

Quand sont aux degrez fortunez & degrez clairs, qu'ils appellent lucides.

Fortunes particulieres à la Lune.

Quand elle croit.

Quand elle est dedans la maison ou exaltation du Soleil.

Quand est assez hastiue en son cours. C'est à sçauoir, quãd elle chemine plus de treize degrez & onze minutes en vingt & quatre heures.

Si l'enfant viura, ou non.

CHAPITRE VII.

TOut ce dessus consideré, il faut premierement regarder si celuy qui est né, est pour auoir vie en ce monde, ou non. Ce que principalement nous demonstreront le luminaire du temps (c'est à sçauoir le Soleil de iour, & la Lune de nuict) les seigneurs de la triplicité d'iceluy, & l'ascendant auec son dominateur. Quand le dominateur de l'ascendant sera infortuné par le seigneur de la huictiéme maison, l'enfant ne pourra viure, & moins si les seigneurs de la triplicité du luminaire tem-

temporel sont infortunez.

Quand dedans la premiere maison sera aucune estoile fixe de violente nature, ou aucune infortune (c'est à sçauoir Saturne ou Mars) sans y auoir à tout le moins quatre dignitez, & le luminaire temporel sera infortuné, l'enfant mourra bien tost si là ne se trouue aucune estoile fixe d'amiable nature, ou si Iupiter ou Venus ou le Soleil ou la Lune ne luy communiquent leurs rayons. Car ainsi, si l'aspect est d'amitié, ou d'inimitié, auec reception, l'enfant viura.

Si le dominateur de l'ascendant est bruslé, l'enfant mourra auãt neuf iours complets: & plustost, s'il est bruslé dedans la huictiéme maison, ou si en cest estat il est ioint au seigneur de la huictiéme. Excepté quand il est bruslé en sa propre maison ou exaltation, ou dedans la maison ou exaltatiõ du Soleil.

Quand la Lune estãt luminaire temporel ſera infortunee dedans la premiere maiſon, ſans aucun aſpect des fortunes, & ſans conionction d'aucune eſtoile fixe d'amiable nature, l'eſpoir de vie ne ſera grand.

Quand la Lune ſera infortunee dedans la quatriéme maiſon, & celuy qui l'infortune ſera auſſi infortuné, & hors de ſes principales dignitez, l'enfant ne pourra viure, & la mere ſera en grand peril de mort à l'enfanter : principalement ſi l'aſcendant eſt maiſon, ou exaltation de la Lune.

Quand les infortunes ſont conioinctes dedans la huictiéme maiſon, ſignifient fort courte vie : excepté quand Mars & Saturne y ſont en Capricorne.

Pluſieurs planettes ioints dedans la premiere maiſon, ne portent bon teſmoignage de vie, combien qu'ils ſoyēt tous fortunez.

Quand le dominateur de l'aſcendāt, & le luminaire temporel, & les ſeigneurs

ſeigneurs de leurs triplicitez ne ſeront totalement ou tous infortunez, l'enfant viura facilement.

Du donneur de vie, nommé des Arabes Hyleg.

CHAPITRE. VIII.

LE donneur de vie ſe prend des principaux lieux de la figure : c'eſt à ſçauoir du Soleil, de la Lune, de l'aſcendant, de la partie de fortune, & du degré de la derniere conionctiõ ou oppoſition des luminaires. Leſquels ayãs bien notez, nous conſiderons, premierement ſi la natiuité eſt diurne, ou nocturne. Car ſi elle eſt diurne, nous commencerons au Soleil. Lequel dedãs la premiere, dixiéme, ou onziéme maiſõ, en ſigne maſculin ou feminin, ſera idoine pour dõner vie, s'il a aucũ dõneur de tẽps q̃ le regarde. S'il eſt dedãs la neufiéme, huictiéme ou ſeptiéme maiſon, il pourra auſſi eſtre dõneur de vie, s'il eſt en ſigne maſculin

& non en feminin: en autres lieux il ne peut estre donneur de vie, que par contrainte. Il est tousiours necessaire pour vn tel acte, que le donneur de temps regarde le donneur de vie: autrement ledit donneur de vie sera comme vne personne qui a bon vouloir de faire du bien à ses amis, & n'a dequoy. Par ainsi quand le Soleil sera sans aspect d'aucun donneur de temps, il le faut laisser là, & venir à la Lune: laquelle peut dōner la vie dedans la premiere maison, en signe masculin, ou feminin: & dedans la dixiéme, onziéme, septiéme, quatriéme, cinquiéme, seconde, & tierce maison, en signes feminins, & non masculins, receuant aspect d'aucun donneur de temps. Si la Lune n'a toutes cesdites conditions, il faut venir au degré ascendant, si la natiuité est conionctionale (conionctionale est dite la natiuité, auant laquelle dernierement les luminaires ont esté conioints)

ioints) & si ledit degré reçoit aspect de son donneur de temps, il sera donneur de vie : autrement non. Parquoy faudra examiner la partie de fortune, laquelle donnera vie és angles, & maisons succedantes, auec aspect du donneur de temps, autrement faudra venir au degré auquel dernierement les luminaires auront esté conioints : Lequel dedans les angles, ou maisons succedantes sera donneur de vie, s'il reçoit aspect de son donneur de temps. Il est icy necessaire que le donneur de temps ait dignité de maison ou d'exaltation és lieux de la partie de fortune, & dudit degré conionctional. Par cest ordre faut cercher le donneur de vie quand la natiuité est conionctionale. Quand elle est preuentionale (preuentionale est dite, auant laquelle dernierement les luminaires ont esté opposites) apres auoir consideré le Soleil & la Lune, il faut consequemment contépler la partie de fortune, puis le degré ascendant, & finalement le degré de l'oppositió des luminaires. Et veu qu'il y a deux degrez en l'opposition, l'vn celuy du Soleil, l'autre celuy de la Lune: les Astrologues commandent considerer celuy qui au temps de l'opposition aura esté en la premiere maison, ou ailleurs dessus l'horizon.

Quant la natiuité est nocturne, nous suyuons le mesme ordre : excepté que premierement considerons la Lune, secondement le Soleil, &c. Ce donneur de vie, quand ou par direction, ou par profection, ou par autre voye, rencontre aucun mauuais aspect des infortunes, ou les estoiles fixes de violente nature, ou aucune des notables conionctiós, ou eclipses des luminaires, il cause alors quelque maladie, & bien souuent ameine la mort, quand les fortunes n'y entremeslent leurs fauorables rayons.

Du donneur des ans, dit des Arabes Alcocoden.

CHAPITRE. IX.

LE donneur de temps ou donneur des ans eſt celuy qui a dignité de maiſon, exaltation, triplicité, ou terme, au lieu où eſt le donneur de vie. Comme ſi le Soleil eſtoit en la onziéme, au ſigne du Sagitaire (là où il peut eſtre donneur de vie) & Iupiter fuſt au ſigne d'Aquarius, il regarderoit le Soleil de ſextil aſpect: & veu qu'il a dignité de maiſon au ſigne du Soleil, il ſeroit donneur des ans. Il eſt donc neceſſaire que ces deux choſes concurrent enſemble, à fin qu'vn planette ſoit donneur des ans: c'eſt à ſçauoir qu'il ayt dignité à tout le moins de terme (car la dignité de face n'eſt aſſez ſuffiſante pour vn ſi grand effect) au ſigne & degré auquel ſera le donneur de vie: & qu'il regarde ledit donneur de vie d'vn aspect, ou d'autre. Ce donneur de temps bien logé sur le poinct des angles, donne ses vieux ans : és poincts des maisons succedantes, ses moyens : és cadantes, ses moindres : & d'autant plus qu'il sera loing des commencements desdites maisons, d'autant plus ou moins il faut diminuer du nombre des ans vieux, moyens, & moindres, selon la difference prinse des prochaines maisons, auec la difference des ans. Et premieremẽt, s'il est dedans aucun angle du ciel, non toutesfois au premier poinct, il faut proceder ainsi. Prenez en premier lieu la distance dudit angle & de la prochaine maison succedante. Notez apres de combien de degrez, ledit donneur des ans est eslongné du poinct de l'angle. Puis prenez la difference de ses ans vieux & moyens. Ceste difference multiplierez par le nombre dudit eslongnement : & partirez par la distance

ſtance dudit angle, & de la maiſon ſuccedante. Ce qui reſtera prendrez pour nombre exact des ans de la vie, promis par ledit donneur des ans. S'il eſt dedans aucune maiſon ſuccedante hors des poincts & commencements d'icelle, vous prendrez premierement la diſtance de la maiſon ſuccedante & de la prochaine cadante. Puis noterez de combien de degrez ledit donneur des ans ſera eſlongné du poinct de ladite maiſon ſuccedante. Apres prendrez la difference des ans moyens & moindres. Laquelle multiplierez par le ſecond nombre, & partirez par le premier. Le reſidu ſera le temps de la vie que promettra ledit donneur des ans. S'il eſt és maiſons cadantes, ſoit ſur le poinct d'icelles, ou apres, il ne donne que ſes ans moindres ſeulemẽt. Excepté quand il eſt aux cinq degrez prochains des poincts deſdits angles: & alors il faut conter ainſi que s'eſuit.

Preniez la difference des ans vieux & moindres du planette qui donne les ans, & la diuisez en cinq parties. Regardez apres en quel desdits cinq degrez sera ledit planette. Car s'il est au premier & plus prochain du poinct de l'angle: c'est à dire, s'il est eslongné dudit angle d'vn degré seulement, alors il conuiét oster de ses vieux ans vne desdites cinq parties : s'il est eslongné de deux degrez, il en faut oster deux parties: s'il est eslongné de trois degrez, il en faut soustraire trois parties, &c. Il faut noter que la Lune dedans la huictiéme ne donne que ses ans moindres: & que le Soleil dedans la neufiéme, & Iupiter en l'onziéme, & Venus en la cinquiéme, & Mercure par tout l'ascendant, & la Lune en la troisiéme dōnent leurs vieux ans si parfaictement comme s'ils estoyent sur les poincts des angles. Car ce sont les lieux ausquels principalement ils se resiouissent. Iu-

piter,

piter, Venus, & Mercure, dedãs la neufiéme donnent leurs ans moyens : & la Lune en l'onziéme donne ses vieux. Mars en la sixiéme, & Saturne en la douziéme leurs moyens, pource que esdits lieux grandement ils se delectẽt. Parquoy s'ils n'estoyent malings, ils donneroyent là leurs ans vieux. Sur ce propos conuient aussi noter, qu'vn planette bruslé ne peut estre donneur des ans: & la Lune opprimee des rayõs du Soleil ne peut dõner vie, ne tẽps. Si vn planette, qui autrement pouuoit estre donneur des ans, est bruslé en sa propre maisõ ou exaltatiõ, receuãt illec le Soleil, fait que le Soleil prend la charge de dõner les ans. S'il aduiẽt que le Soleil ou la Lune soyent en leurs propres maisõs ou exaltatiõs, ils pourrõt estre dõneurs de vie, & donneurs de tẽps ensẽble, sãs qu'il faille desirer aspect d'autre planette. Si vn lieu significateur de vie a plusieurs donneurs des ans, nous prendrons celuy qui aura plus de dignitez audit lieu : & s'ils ſont egaux en dignitez, nous prendrons celuy qui aura ſon aſpect plus entier, & ſes rayōs plus prochains dudit donneur de vie. S'ils ſe trouuent deux, ou trois, ou pluſieurs donneurs de vie, qui ayent leurs donneurs des ans, il les faut tous conſiderer, & diriger comme le premier & principal.

S'enſuyuent les ans des planettes.

Ans vieux.	*Ans moyens.*	*Ans moindres*		De
57	43	30	Saturne	♄
79	45	12	Iupiter	♃
66	40	15	Mars	♂
120	69	19	Soleil	☉
82	45	8	Venus	♀
76	48	20	Mercure	☿
108	66	25	la Lune	☾

De ceux qui augmentent, & diminuent le nombre desdits ans.

CHAPITRE X.

CEux qui augmentent le nombre desdits ans, sont Iupiter, Venus, le Soleil, la Lune, & Mercure fortifié. Lesquels fortunez, regardans le donneur des ans d'aspect d'amitié, adioustent leurs moindres annees. C'est à sçauoir le Soleil dix & neuf, Venus huict, la lune vingt & cinq, &c. Semblablemét si le donneur de temps est ioint auec aucune estoille fixe d'amiable nature, il prend de ladite estoille le nôbre des ans moindres du planette, duquel ladite estoille tient sa nature. Si lesdits planettes regardent le donneur de téps de mauuais aspect auec reception, ils adioustent comme parauant: ce que ne font quãd n'y a reception. Excepté Iupiter & Venus: qui de toute sorte d'aspects auec reception, ou ſans receptió, touſiours adiouſtent leurs moindres ans: pourueu que le donneur de temps ne ſoit Saturne ou Mars. Enuers leſquels la reception eſt neceſſaire, ſi l'aſpect eſt d'inimitié. Leſdits planettes mal colloquez & infortunez, au lieu des ans moindres entiers, en adiouſtét la moitié, ou la tierce, ou quarte partie, ou certain nombre de mois de ſepmaine, ou de iours, ſelon la grandeur ou petiteſſe de leur infelicité. Les amiables aſpects des infortunez auec reception, donnent leurs ans moindres, ſans reception ne font bien ny mal. Si le donneur des ans eſt retrograde, ou Meridional deſcendant, ou en ſa cheute, ou detriment, ou au chemin bruſlé, cela luy oſte la cinquiéme partie de ce qu'il euſt donné eſtant autrement diſpoſé. Ce qui aduient auſſi aux trois ſuperieurs planettes, quand ſont occidentaux: & à la Lune, quand

elle

elle decroit, & quand elle eſt au vingt & neufiéme degré d'vn ſigne, & quand eſt tardiue en ſon cours. Le Soleil regardant la Lune, d'aſpect d'inimitié, ſans reception, diminue. Saturne, Mars, ou Mercure depraué, regardans de maling aſpect le donneur des ans, oſtent le nombre de leurs moindres annees: excepté s'ils le reçoyuent. Car alors par oppoſition ne font que la moitié du mal: par quadrat aſpect, ne diminuent que la quatriéme partie. La queuë du Dragon oſte de la Lune douze ans. I'ay trouué ſouuent par experience, que les fortunes (c'eſt à ſçauoir Iupiter & Venus) ou le Soleil & la Lune, & Mercure, fortunez en la premiere maiſon, ou tout aupres du donneur de vie, adiouſtoyent leurs ans moindres, combien qu'ils ne regardaſſent le donneur de temps: & au contraire, que les infortunez eſdits lieux oſtoyent les ans moindres, ſans regarder ledit donneur le temps. Excepté quant ils estoyent bien dignifiez esdits lieux, ou quand ils estoyent seigneurs des natiuitez.

Du seigneur de la natiuité.

CHAPITRE. XI.

IL faut prendre le seigneur de la natiuité des lieux desquels auons tiré le dōneur de vie: c'est à sçauoir du lieu du Soleil, & de la Lune, du degré ascendant, de la partie de fortune, & du degré de la precedente conionction, ou opposition des luminaires. Sur tous ces lieux ensemble faut considerer quel planette a plus de dignitez. Car celuy sera le seigneur de la natiuité, qui auec le donneur des ans signifiera le temps de nostre vie, selon sa situation & felicité, ou infelicité, comme parauant auons dit du donneur des ans. Et si l'vn en en donne plus que l'autre, il faut prendre la difference des deux, & la moitié adiouster ou diminuer selon que sera necessaire.

De l'entendement & mœurs de l'homme.

CHAPITRE XII.

POur cognoistre la felicité ou infelicité de l'esprit, & la nature de l'ame, il faut regarder au lieu de Mercure, & de la lune. Le planette qui en ces deux lieux aura plus de dignitez, sera significateur de l'ame. Lequel, si c'est Saturne bié disposé, signifiera l'homme d'vn grand & profond sçauoir, de bon conseil, de bône grauité, de forte opinion, caut, secret, solitaire, dissimulant son bien & son mal, amateur de gens iustes & de bons vieillards, resuant sur les thresors, heritages & labourages, tenant propos d'antiquitez, & de grands affaires, admirateur d'edifices, ores quelque peu ioyeux, incontinent triste, aucunesfois riant ou murmurant à par soy tout seul, vn peu paresseux, vn peu enuieux, & ne tenant tousiours sa promesse. S'il est infortuné, il denotera vn enuieux, triste, solitaire, craintif, melancholique, pusillanime, oysif, resueur, ialoux, fascheux, maling, blasphemateur, menteur, trompeur, vsurier, opiniastre, reiettant le conseil des autres, craignant que tout le monde le vueille deceuoir, inciuil, vilain, foüillart, deshonneste, fuyuant les hommes sinon pour les trõper, & en tirer quelque profit, n'ayant autre amy que son vilain gaing, vsant aucunesfois de sorcelerie. Iupiter significateur de l'ame, bien disposé, signifie l'homme doux, courtois, honneste, gracieux, amiable, feal, pitoyable, liberal, de bonne rencontre, de bon cœur & bon amour, suyuant noblesse & toute honnesteté,

aymant

aymant Dieu, abondant en amis, songeant tousiours à quelque chose de vertu, & se rendant aucunesfois solitaire pour penser à quelque bonté vsât en tout & par tous ses affaires d'vne grande equité, prudence, & modestie, ayant grand courage de paruenir. S'il est infortuné de soymesme, & non de rencontre d'autres estoiles, au lieu de bon amour, il donnera quelque sottie: au lieu d'honnesteté, superbe: au lieu de liberalité, prodigalité: au lieu de bien aymer Dieu, le rendra hypocrite: feingnant suyure noblesse, fera qu'il mesprisera tout le monde: au lieu de honnestement paruenir, le fera songer à tyrannie. Si ledit Iupiter est infortuné des autres planettes, & non de soy, il prendra leurs vices, & les couurira desdites vertus, en sorte d'vn mauuais hypocrite. Si Mars bien fortuné est ledit significateur, il fera l'homme de haut courage, hardy, iraconde, furieux, hazardeux, conducteur de guerres, & des premiers en besongne, & totalement en faicts & cogitations addõné aux armes, fort roide & puissant, se confiant trop de sa puissance, ne craignant aucun peril, & en tous ses actes heureux. S'il est infortuné, il fait l'hõme temeraire, larron, menteur, blasphemateur, mutin, cruel, meurtrier, estourdy, superbe, arrogãt insupportable, dissipateur de ses biens propres & des biens d'autruy, vsant de force & violence contre ses parens, & contre tout le monde, homme diabolique, sans honte, sans conseil, sãs vertu, sans loy, sans aucune crainte ou reuerence de Dieu, furieux, seditieux, addonné & prompt à toute malice. Si le Soleil est significateur en sa bonne disposition, il fait l'homme meur, sage, prudent, de bon conseil, amateur de noblesse, suyuant gloire & honneur, addonné à iustice, & à gouuernements

de

de villes & citez, aymant la chasse, magnifique, & de grande ostentation. S'il est infortuné, il excite vne grande superbe, vne excessiue ambition & tyrannie, & fait nourrir la pance. Si Venus signifie la qualité de l'ame en bonne disposition, fera l'homme plaisant, ioyeux, dansant, riant, pacifique, amiable, gracieux, de bonne conuersation, amoureux, & vn peu ialoux: Infortunee, le fera ridicule, & par trop facetieux, de fascheux maintien, vsant de paroles deshonnestes, addonné à volupté, & ialoux de ce qui ne luy touche rien. Si c'est Mercure fortuné, il donnera bon entendement, bonne memoire. grande apprehension, grande subtilité d'esprit, bon discours de raison, affluence de sçauoir, ample congnoissance des mathematiques, & des secrets de nature, fera l'homme poëte. orateur, bien disant, bien escriuant, & grand traffiqueur. S'il est mal disposé, il le fait outrecuidé, de petit sçauoir, auec grande estimation de sa personne, inconstant, menteur, mocqueur, trompeur ordinaire, fin affiné, fantastique & vicieux. Si c'est la Lune bien fortunee, elle fera celuy qui est né, pacifique, modeste, de bon cœur, de bonne volonté, & facile à induire à tout ce que lon voudra: Infortunee, deuote inconstance, legereté d'esprit, pusillanimité, prodigalité, fatuïté. Si lesdits significateurs ne sont gueres fortunez ou infortunez, il conuient rabbaisser lesdites significations bonnes & vicieuses, selon la qualité de leurs bonnes ou mauuaises dispositions. Si aucun planette est participant en la signification des mœurs, ou s'il a grande communication d'aspect auec le principal significateur, alors considerans les vices & vertus de cestuy-cy (selon sa bonne ou mauuaise disposition) nous les ioindrons à ce que donne le ne le principal. Comme si Saturne bien disposé est principal significateur, & Mars infortuné est participant, ou regarde Saturne d'vn entier aspect auec reception, alors il conuient mesler quelque peu de la nature de Mars infortuné, auec les significations de Saturne fortuné. Les Astrologues aduertissent, que si le seigneur de l'ascendant est bien colloqué, & ledit significateur des mœurs mal disposé, qu'il se faut plus ranger sur ce que le seigneur de l'ascendant signifie, que sur ce que ledit significateur promet. Outre ce, ils considerent particulierement le lieu de Mercure, & de la Lune, & les aspects qu'ils reçoyuent. Si Mercure est en l'ascendant, il fait l'homme ingenieux, de grand & profond sçauoir, grand philosophe, mathematicien, orateur, poëte, diuineur : principalement quād il est en lieu auquel Saturne a pour le moins quatre dignitez: ou quand il reçoit aſpect de Saturne Mercure en la douziéme, receuant aſpect de la Lune, a de bien pres ſi grand' force pour donner engin & ſçauoir, comme s'il eſtoit en la premiere. Et où que Mercure ſoit, s'il regarde la Lune, & tous deux, ou l'vn ou l'autre regardent l'aſcendant, ou le ſeigneur de l'aſcendant, c'eſt ſigne de bon & ſubtil eſprit. Et ſi Saturne, Iupiter, Mars, ou autres planettes luy communiquent leurs fauorables rayons, ils y meſlent leurs bonnes vertus: s'ils regardent de mauuais aſpect, ils y entremeſlent leurs vices. Excepté Iupiter & Venus, qui de mauuais aſpect ne nuiſent iamais, & moins quand il y a reception. Si le Soleil eſt luminaire temporel, il peut ſignifier la qualité de l'ame auec la Lune & Mercure, en la forme deſſuſdite. Si Mercure eſt occidental dedans la maiſon on exaltation du Soleil, ayant aſpect de la Lune, ou de l'aſcendant,

ou

ou de ſon ſeigneur, c'eſt le ſouuerain ſigne des bons & hauts eſprits, de gens de tout ſçauoir, addonnez à grandes entreprinſes & vertus, poëtes, orateurs, mathematiciens, Iuriſconſultes, adminiſtrateurs de Republiques, gouuerneurs de Royaumes, principalemēt quand il eſt fortuné en quelque angle du ciel. Mercure dedans la ſeptiéme maiſon fortuné donne bon entendement, & iugement meur, faît l'homme caut, ſpeculatif & de bon conſeil, auec grande ruze à gouuerner ſes affaires. Mercure en la neufiéme ou tierce maiſon donne ſcience & contemplation. La partie de l'entendement & de l'ame, auec leurs ſeigneurs fortunez ſignifient bon eſprit & bonnes mœurs. Mercure au ſigne de Piſces n'ayme aucunement les lettres. Le contraire aduient quand il eſt au ſigne de Virgo & de Gemini, par tous les lieux de la figure du ciel. Saturne dedans les mai ſons de Mercure, eſt touſiours contemplatif: Mars vn peu trompeur. Mercure dedans les maiſons de Saturne, fortuné, eſt touſiours ſtudieux : dedans celles de Mars, eſt plein de paroles faſcheuſes, & ſouuent fauſſes.

Quand les luminaires & les ſignificateurs des mœurs ſeront des infortunes opprimez, l'enfant ſera de fort eſtrange & peruerſe nature. La Lune oppoſite au Soleil fait haïr toute ſorte de gens. Si le Soleil & la Lune, auec l'aſcendant & ſon ſeigneur, ſont tous en ſignes feminins, les mœurs d'iceluy seront feminins, & ſera homme de petit cœur. S'ils ſont en ſignes maſculins en la natiuité d'vne femme, ſes actes seront viriles, & ſera femme de grande entreprinſe. Si Venus eſt au ſigne du Lyon, ou ſous les rayons du Soleil, ou en conionction, ou autre aſpect de Mars, elle fait que l'homme ſera promptement frappé d'amour. Et ſi en tel eſtat

ſtat elle eſt dedans la premiere ou dixiéme maiſon, ſans aucun aſpect de Iupiter, il ſera voluptueux ſans en auoir honte, & pis quand elle ſera au ſigne du Scorpion. L'aſpect de Iupiter enuers Venus donne touſiours chaſteté, & amour de vertu.

Des richeſſes & pauureté.

CHAPITRE XIII.

POur les richeſſes & pauureté il conuient premieremẽt regarder à la ſeconde maiſon. Car ſi elle & ſon ſeigneur ſont fortunez, nous dirõs que l'enfant ſera riche: & s'ils ſont infortunez, qu'il ſera pauure de ce coſté. Puis apres il faut cõſiderer la partie de fortune. Laquelle auec ſon ſeigneur biẽ diſpoſee promet beaucoup de biens, ſans autre teſmoignage. S'ils ſont mal diſpoſez, il faut venir à la partie des biens, laquelle auec son seigneur fortunee enrichit : infortunee, ne donne rien. Semblablement faut iuger de la partie de felicité, & de son seigneur. Et quelle chose que les autres lieux signifient, il faut tousiours auoir recours au naturel significateur des richesses, qui est Iupiter. Lequel bien colloqué & fortuné donne des biens à foison : principalement s'il est seigneur de la natiuité, ou seigneur de l'heure, ou de l'ascendant, ou de la seconde maison, ou de la partie de fortune, ou de la partie des biens, ou de la partie de felicité, ou du luminaire temporel, ou de la dixiéme maison: autrement, il ne donne rien. Quand les susdits significateurs seront infortunez, l'enfant ne pourra estre riche: si la dixiéme maison (de laquelle dirons apres) ne luy promet quelque bon rencontre. Lon trouue aussi souuent par experience, que quand vn planette est dedans

dans sa maison ou exaltation, ou en sa ioye sans estre infortuné, ou ailleurs enuironné des fortunes ou de leurs rayons, qu'il donne des biens, cõbien que autrement il ne soit significateur de richesses. Si en la quatriéme maison est son seigneur, ou autre planette fortuné, il promet heritages. Si aucune estoile fixe de la premiere ou seconde grandeur est iointe au luminaire temporel, ou au degré ascendant, ou aux poincts des autres angles, ou aux planettes esdits lieux colloquez, elle esleue l'homme de bas estat en grandissime authorité & honneur: & s'il est de race de princes, le fera puissant seigneur & Roy. Quand vn mesme planette sera seigneur de l'ascendant, & de la seconde maison, l'enfant sera cupide d'argẽt, & auare : ce qui aduient quand Capricorne est ascendant. Quand le seigneur de la seconde maison sera dedãs la premiere, le bien viendra sans labeur. Semblablement quand le ſeigneur de la ſeconde donnera vigueur au ſeigneur de l'aſcendant. Quand le ſeigneur de l'aſcendant ſera en la ſeconde, le bien n'aduiendra ſans trauailler: ny quand le ſeigneur de l'aſcendant donnera vigueur au ſeigneur de la ſeconde. Saturne, Mars, Mercure deprauė, le Soleil, & la queuë du Dragon Lunaire, dedans la ſecōde, deſtruiſent l'homme, & luy diſſipent ſon bien: excepté quand ils y ont pour le moins quatre dignitez, ou quand ils y ſont receus. Quand le ſeigneur de l'aſcendãt regardera de mauuais aſpect la ſecōde maiſon, ou la partie des biẽs & de fortune, ou leurs ſeigneurs, l'enfant de ſon propre vouloir diſſipera ſon bien. Si le ſeigneur de l'aſcendant eſt infortuné dedans la ſeconde maiſon, l'enfant ſera trop large donneur & prodigue. Si aucune inſortune, n'ayant domination ſur l'aſcendant, eſt en la ſeconde, l'enfant ſant ſera deſtruit par autres qui luy emporterõt ſon bien à pieces, & le deſroberont. Quand leſdits ſignificateurs des biens ſeront infortunez, l'enfant ſera toute ſa vie en peines & trauaux, ſans rien auancer ou profiter. Dit Abraham Auenesre, que ſi le ſeigneur de la ſeconde eſt bruſlé, & Iupiter mal diſposé, que l'ẽfant ſera touſiours pauure. Et dit Hermes. Quand le ſeigneur de la profeſſion (duquel dirõs au 27. chap.) ſera bruſlé, ou retrograde, ou en la ſixiéme, ou douziéme maiſon, & aucun planette ne regardera la Lune, l'enfãt cerchera ſa vie de porte en porte cõme vn coquin. Iupiter, Ven⁹, & la teſte du dragon en la ſecõde touſiours enrichiſſẽt. Ven⁹ en la cinquiéme promet quelque biẽ. Le Soleil dedãs la neufiéme fortune donne benefices, ou autres biens du coſté de gens d'egliſe. Mars en la 6. bien diſposé, donne du biẽ ou de nourriture de beſtail, ou de l'exercice de Medecine.

Le Soleil au ſigne du Lyon, ne permet jamais l'enfant eſtre pauure.

Duquel endroit viendront les richeſſes, & pauuretez.

CHAPITRE XIIII.

AYans noté les lieux qui promettent & denient richeſſes: en regardant la ſituation deſdits ſignificateurs, nous ſçaurons par quel moyen doit venir le bien & le mal. Car ſi le ſignificateur eſt en la premiere maiſon receu & fortuné, facilement il enrichit le perſonnage de ſon induſtrie & propre labeur: & ſi audit lieu il eſt infortuné, il faut que l'induſtrie & labeur ne luy profitent rien, & que pluſtoſt de là en viendra perte & dommage. S'il eſt en la ſeconde bien diſpoſé, il proffite de communiquer auec marchands, & preſter marchandiſe & argent, & de les faire valoir. S'il eſt illec mal

mal disposé, desdits negoces apporte grand dommage. S'il est dedans la tierce maison fortuné, il ameine les richesses du costé des freres & des sœurs, des cousins & alliez : ou du costé des gens d'eglise en prenant charge de leurs affaires : ou de traffiquer ça & là à l'entour de son païs. S'il est en la quatriéme bien logé, il enrichir d'heritages, & biens de nos peres & predecesseurs, de labourages & cultiuation de terres, d'edifices, & aucunes fois de rencontre de thresors. S'il est dedans la cinquiéme, il proffite pour estre bon danseur, bon ioüeur, pour estre braue, gracieux, plaisant & delectable, & aucunesfois pour estre voluptueux, bien souuent à cause de comperes & de commeres, & de ses propres enfans : où à cause de donations, où pour voyager & faire quelque ambassade. Ceux qui vendent choses appartenantes à braueté & volupté, & apprestent friandises, odeurs,

& parfums, de ceste maison tirent bien souuent leur proffit. Si ledit significateur est en la sixiéme bien colloqué, il fera son proffit de nourrir & marchander brebis, moutons, & autre menu bestail, ou deuiẽdra riche par la diligence & fidelité de ses seruiteurs, ou gaignera de l'exercice de medecine. Les Geoliers, & autres qui ont charge de prisons, tirent aucunesfois leur proffit de ceste maison. Si le significateur est en la septiéme fortuné, il promet grãd bien du costé des femmes, par mariages, ou semblables accords, & aucunesfois pour auoir plaidé & gaigné son proces, ou auoir esté en guerre, & pillé les ennemis. S'il est en la huictiéme bien disposé, il donne grand doüaire, & grands biens à cause des femmes, & souuent heritages, ausquels il n'aura grandement pensé. S'il est en la neufiéme fortuné, il enrichit de biens d'eglise: ou de traffiquer en païs estrange, & peregriner.

ner. S'il eſt bien en la dixiéme, il ameine l'vtilité du coſté des ſeigneurs, Princes & Rois, & les fait gouuerneurs de villes, ou officiers honnorables : ou de leur propre vacation & profeſſion enrichir. S'il eſt dedans la onziéme en bonne diſpoſition, il proffite à cauſe des amis, & par faueur de gens d'autorité. S'il eſt en le douziéme fortune, il donne gaing de nourrir & marchander cheuaux, iuments, bœufs, vaches, chameaux, & autres grands animaux : ou d'auoir charge de priſonniers : ou de perſecution des ennemis auec proffitable victoire à la fin. Comme ſouuent aduient à aucuns, qui accuſans d'autres, & ne pouuans prouuer les crimes intentez, ſont condamnez à vne bonne amende enuers la partie, de laquelle apres toute perſecution ladicte partie ſe trouue bien. Saturne de ſoy enrichit par heritages, labourages, nourriture de tout beſtail, & de traffiquer auec gens anciens, ou auec païſans, mariniers, & autres gens vils, en bleds, vins, huiles, poiſſons, paſtel, poix, alums, cuirs, tuiles, pierres, plaſtre, croye, chaux, & ſemblables marchandiſes. Iupiter par offices, benefices, & negoces de gens d'egliſe, & tous gains qui ſe font ſans fraude : excepté quand il eſt infortuné. Car alors ſous ombre de vertu il fait cauteleuſement ſes affaires. Mars par guerres, proces, ou larrecins : ou par occiſion & vente de beſtail : ou s'il eſt en aſpect de Venus, par medecine. Le Soleil par honorables offices, dignitez, & ſeigneuries, par grand credit, par charges de leuer & garder les deniers des Princes & Republiques. Venus par Muſique, plaiſance, grace, & beauté, par braueté, par ieux, & aucunefois par volupté, & ſouuent pour ſeruir quelque grand' dame. Mercure pour bien parler, bien eſcrire & eſtre bien ſçauant, pour eſtre ſecretaire,

taire, greffier, poëte, orateur & bon aduocat : pour estre Geometrien, Arithmeticien, Astrologue, & bon trafficqueur. La Lune pour voyager, nauiger, peregriner, & traffiquer en longs pays: pour auoir charge des menus affaires de la police. Si lesdits significateurs sõt infortunez, des mesmes endroits ils apporteront les dommages & interests. Et s'ils sont dedans les maisons de Saturne, Iupiter, ou autre planette, nous iugerons le proffit interest selon la nature de Saturne, Iupiter, & autres planettes, q̃ serõt seigneurs desdits lieux.

Du temps que les richesses & dommages viendront.

CHAPITRE XV.

Esdites richesses aduiendrõt, quand les significateurs des biẽs se rencontreront par direction en corps ou en aspects d'amitié, Cóme si Ven⁹ en qlq natiuité promet des biens: ils aduiendront quãd Venus par direction touchera le lieu de Iupiter, ou le degré de la seconde maison, ou la partie de fortune, ou leurs bons aspects. Semblablement faut iuger du dommage és biens. Car quand vn significateur de dommages & interests rencontre par direction vn significateur des biens, ou ses aspects d'inimitié, alors certainement vient ladite perte & dommage. Comme quand Saturne ou Mars rencontrent Iupiter la partie de fortune, la partie des biens, & autres lieux qui signifiét richesses. Lesquels aussi dirigez ausdites infortunes, ou à leurs malings aspects, signifient tousiours quelque perte. Par les reuolutions aussi se peut congnoistre le téps de bonne ou mauuaise fortune. Car quand Iupiter en la natiuité sera au signe de Libra bien disposé, toutes & quãtesfois qu'il se trouuera en la reuolution

lution audit ſigne, en la meſme fortune, certainement il apportera alors les biens qu'il aura promis à l'heure de la natiuité. Au contraire, s'il eſt infortuné par Saturne ou Mars en la natiuité: toutes & quantesfois qu'il ſera en la reuolutiõ opprimé deſdits infortunateurs, alors ledit dommage aduiendra en la ſorte & maniere qu'il eſtoit ſignifié en la natiuité. Si le ſignificateur des biens eſt Oriental, le bien viendra en ieuneſſe: s'il eſt occidental, en vieilleſſe. S'il eſt en la premiere maiſon, il ſera riche en ſon premier aage. S'il eſt entre la premiere & la dixiéme, ſur le temps de vingt & vingt-ſept ans. S'il eſt en la dixiéme, enuiron trente & trente cinq. S'il eſt entre la dixiéme & ſeptiéme, enuiron quarante & quarãte huit. S'il eſt dedãs la ſeptiéme, il ſera riche en ſa vieilleſſe. Il faut auſſi regarder aux trois ſeigñrs des la triplicité d'vn chacũ ſignificateur de biens. Car le premier ſeigneur ſignifie le premier aage: le ſecond, temps de trente ou quarãte huit ans: le tiers, l'aage dernier. Parquoy ſi le premier ſeigneur de la triplicité d'vn ſignificateur de richeſſes eſt fortuné, ledit bien ſignifié aduiendra au premier temps: ou s'il eſt infortuné, le dommage alors poindra. Par ce moyen faut accommoder les autres ſeigneurs aux aages enſuyuans, & ſelon leur bonne ou mauuaiſe diſpoſition faut iuger de la fortune d'vn chacun.

Des freres.

CHAPITRE. XVI.

MArs, & Saturne dedans la tierce maiſon hors de leurs principales dignitez, & non receus, ſignifient que l'enfant n'aura aucun frere ny ſœur. Et s'ils ſont en leurs principales dignitez, ou s'ils ſont heureuſement receus, ils peuuent alors donner quelques freres: mais à cauſe deſquels

il ſera

il sera tousiours en tristesse, noises, & contentions. La queuë du dragon lunaire, fait voir la mort de ses freres, quand elle est en la tierce maison. Ce que fait aussi le seigneur de ladite maison quand il est en la dixiéme ou huictiéme: & quand il est bruslé, ou autrement mal disposé. Si en la neufiéme est aucun planette bien dignifié, & le seigneur de la troisiéme maison est infortuné, ses freres mourront auant luy: si dedans ladite maison ne se trouue quelque fauorable planette: ou si le seigneur de ladite maison n'est amiablement regardé des fortunes. Iupiter, le Soleil, Venus, la teste du Dragon, la Lune, & Mercure fortuné, dedans la tierce maison, donnent beaucoup de freres, heureux, pacifiques & fortunez. Mars regardant ladite maison ou son seigneur de maling aspect, signifie noises & debats entre les freres. Ce que signifie aussi le seigneur de la dite maison en la septiéme, & douziéme : & Mars opposite à l'ascendant, ou au seigneur de l'ascendant, & au luminaire temporel:& quand vn mesme planette est seigneur de la tierce & septiéme, ou douziemé maison. La partie de l'amitié des freres auec son seigneur fortunee, signifie concorde: infortunee, discorde entré les freres. La partie des freres & la tierce maison, auec leurs seigneurs, en signes aquees, denotent beaucoup de freres & de sœurs : & s'ils sont fortunez, signifient paix, concorde & bon amour ensemble : infortunez, denotent le contraire.

Du pere & de la mere.

CHAPITRE XVII.

LEs seigneurs de la quatriéme, & de la partie du pere bruslez, hors de leurs propres maisons & exaltations, signifient que le pere ne viura gueres. Les infortunez dedans la quatriéme, signifient que le pere mourra bien tost apres, si dedans ladite maison ne sont bien dignifiees, ou si les fortunes n'y entrelassent leurs fauorables rayons. Semblablement faut iuger de la mere, quand lesdites constellations seront en la dixiéme. Les fortunez en la quatriéme signifient lõgue vie au pere, & heureuse fortune : & le semblable de la mere, quand sont dedans la dixiéme. Le Soleil infortuné dedans la quatriéme ou huictiéme maison, tesmoigne que le pere ne viura pas longuement: semblablement faut iuger de la mere, quand la Lune sera ainsi disposee. Si le seigneur de la quatriéme est en l'onziéme, l'enfant verra la mort de son pere. *Si* le seigneur de la dixiéme est en la cinquiéme, il verra la mort de sa mere. Venus ou la Lune en la quatriéme infortunez, donnent peril de mort à la mere à l'heure de l'ẽfantemẽt. Le seigñr de la quatriéme en la septiéme, ou douziéme maisõ, ou en mali aspect des infortunes, ſignifie noiſes & querelles entre le pere & le fils. Semblablement faut iuger de la mere, quãd le ſeigneur de la dixiéme ſera en ladite diſpoſitiõ. La partie du pere fortunee, denote heureuſe & longue vie au pere: Infortunee, qu'il mourra bien toſt. La partie de la mere en ſignifie autãt de la mere, ſelon ſa bõne ou mauuaiſe diſpoſition. Communement les Aſtrologues ont regard au Soleil & à Saturne, pour le pere: & à Venus & à la Lune pour la mere. Si la natiuité eſt diurne, ils prenent le Soleil pour ſignificateur du pere: ſi elle eſt nocturne, ils prennent Saturne, ſi le Soleil n'eſt en aucũ angle du ciel. Car s'il eſt en la premiere ou quatriéme, ils le preferẽt touſiours à Saturne. Si le Soleil eſt en la premiere en la natiuité du premier enfant, la figure de la natiuité du pere & de l'enfant ſerõt ſẽblables: les ſignificateurs du pere ioīs aux fortunes, ou receuãsleurs amiables aſpects

aspects, denotent bonne fortune & longue vie au pere. Le contraire faut entendre quand ils sont infortunez. Si le seigneur de l'ascendant & le seigneur de la quatriéme se regardent de mauuais aspect, l'enfant & le pere seront en discorde, principalement si Mars y entremesle ses pernicieux rayons. Pour la mere il faut principalement regarder à Venus, si la natiuité est diurne: ou à la Lune, si elle est nocturne: & selon leur bonne ou mauuaise disposition, faut iuger la bonne ou aduerse fortune de la mere.

Des heritages & biens de terre.

CHAPITRE XVIII.

LEs fortunes, ou autre planette fortuné dedans la quatriéme, ou huictiéme maison, denotēt heritages, & possessions: les infortunes, les denient, ou font dissiper. Saturne naturel significateur des heritages, terres & possessions, bien dispose, donne grands biens de terre, & fait l'homme heureux en labourages, & cultiuations. Ce que signifient aussi les significateurs de richesses, quand ils sont bien disposez dedans les maisons de Saturne. Et la partie d'heritages, & la partie de fortune en semences & cultures, quand elles sont fortunees auec leurs seigneurs. Si lesdits significateurs sont infortunez, il faut iuger le contraire. Quand vn mesme planette est seigneur de la premiere & quatriéme maison, l'enfant aura des heritages: lesquels il enrichira, si ledit seigneur est fortuné: ou les vendra & dissipera, s'il est infortuné. Le seigneur de l'ascendant, ou la Lune dedãs la quatriéme fortunez, & amiablement par Iupiter ou Venus regardez, denotét qu'il trouuera quelque grande somme d'argent

gent cachee sous terre: principalement si Saturne y iette ses trines ou sextiles rayons: ou que des mines d'or & d'argent il sera riche. La queuë du Dragon en la quatriéme, fait vendre & dissiper les biens. Ce que fait aussi la teste du Dragon, quand elle y est en signe terrestre ou aquee: en signe aërees ou ignees donne grands biens de terre.

Des enfans.

CHAPITRE. XIX.

Les fortunes en la cinquiéme donnent des enfans: Les infortunes les denient, excepté quand elles sont en leurs propres maisons ou exaltations. Car alors elles dōnēt des mauuais enfans: ce que fōt aussi quand regardent ladite maison, ou le seigneur d'icelle de mauuais aspects. Si le seigneur de la cinquiéme est bruslé, il dōne des enfans abortifs, ou qui biē tost apres leur naissance mourront. Si ledit seigneur est en la douziéme, il verra la mort de ses enfans. S'il est en la septiéme, ou douziéme, ou si vn mesme planette est seigneur de la cinquiéme & septiéme ou douziéme, il aura proces, & questions auec ses enfans. Le seigneur de l'ascendāt en mauuais aspect du seigneur de la cinquiéme en denote autant. Auant arrester iugement des enfans, il faut considerer la dixiéme, & septiéme maison : & les parties des enfans, auec leurs seigneurs. Les significateurs des enfans en signes masculins, signifient enfans masles : en feminins, denotent filles: semblablement faut iuger quand ils sont accouplez auec planettes masculins ou feminins.

Des seruiteurs. CHAP. XX.

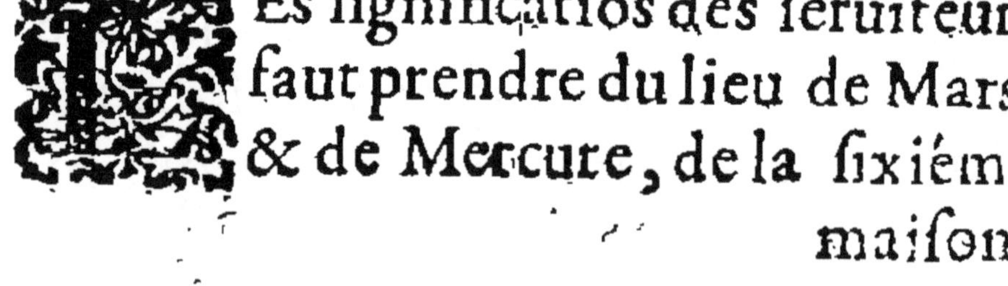

Es significatiōs des seruiteurs faut prendre du lieu de Mars, & de Mercure, de la sixiéme maison,

maiſon, de la partie des ſeruiteurs, & de leurs ſeigneurs. Leſquels fortunez, donnent fidelles ſeruiteurs: infortunez les donnent mauuais. Quand le ſeigneur de l'aſcendant & le ſeigneur de la ſixiéme ſeront en bon aſpect, accouplez aux ſignificateurs de richeſſes, l'enfant deuiẽdra riche par l'induſtrie & fidelité de ſes ſeruiteurs. Semblablement quãd les fortunes ſeront dedans la ſixiéme maiſon. Au contraire, quãd les ſignificateurs de richeſſes ſeront infortunez en la ſixiéme maiſon, il ſera deſtruit par ſes ſeruiteurs. Semblablement quand les infortunes ſeront en ladite maiſon. Si le ſeigneur de la ſixiéme eſt en la dixiéme, il rendra ſes ſeruiteurs plus grands maiſtres que luy. Si le ſeigneur de la ſixiéme eſt en ſigne d'humaine figure, les ſeruiteurs luy porteront reuerence, & obeïront à ſes commandements.

Des maladies. CHAP. XXI.

IL faut premierement regarder les lieux de Saturne & de Mars & du seigneur de la sixiéme maison. Et selon le signe auquel ils seront, il faudra iuger la maladie estre en la partie designee par ledit signe. Comme si Saturne estoit au signe de Libra, il denoteroit la maladie estre aux reins de la nature de Saturne: pour ce que Libra est le signe qui a regard sur les reins, comme sera declaré au second liure. Semblablement faut iuger des autres significateurs selõ le regard du signe auquel ils serõt. Les maladies & accidents prouenans de Saturne, Mars, & autres planettes, seront expliquez au second liure. Mars en l'ascendant donne tousiours quelque notable blessure sur la face ou sur la teste & souuent aupres des yeux, quand il est prochain des luminaires. Saturne en la premiere maison rend l'homme fort triste & melancholique, & luy

vexe

vexe la phãtasie, causant horribles & fascheuses craintes & imaginatiõs. La queuë du Dragon en la premiere offusque fort la veuë, & souuent rend les gens aueugles, quand les luminaires, ou les fortunes n'y entremeslent leurs fauorables rayons. Saturne & Mars en la dixiéme, signifient maladies au col: en la septiéme, au bout des boyaux, cõme fistule, hemorrhoides, vlceres, blessures, &c. en la sixiéme, maladies és pieds: en la douziéme, blessures ou douleurs aux iambes, comme i'ay souuent experimenté. Saturne infortuné signifie maladie és parties appartenantes à Saturne. Iupiter & les autres en signifiẽt autant, quãd ils sont mal disposez. Des parties qui appartiennẽt aux planettes nous dirõs au secõd liure. Ceux q ont les luminaires, ou aucũ des principaux lieux de la figure infortunez au signe du Scorpiõ, sont fort subiects à la maladie de Naples. Les infortunez au ſigne de Gemini, donnent touſiours quelques violents coups ſur les eſpaules, ſur les iambes, & bras. La Lune infortunee au ſigne d'Aries grande douleur de teſte. Saturne & Mars ioints aux luminaires, ou au ſeigneur de l'aſcendant, troublent la veuë, ou gaſtent les yeux de quelque coup. Le Soleil és natiuitez diurnes ſignifie l'œil droit, la Lune le gauche: és nocturnes, au cõtraire. Si le degré de la premiere maiſon, ou les luminaires ſont ioints auec quelque eſtoile nubileuſe, les yeux ſeront obſcurs, & la veuë trouble: ſemblablement s'ils ſont és degrez que les Aſtrologues nomment Azemenæ & degrez puteaux, &c. Saturne en la ſixiéme maiſon bruſlé en ſigne aquee, denote quelque forme de ladrerie. Saturne en l'aſcendant fait quelque notable deformité à la face, quand il eſt pres de la Lune. Les infortunes, & la Lune & Venus en ſignes aquees, ſignifient

fient lepre, vlceres, chancres par le corps, & vilaines taches au visage. Saturne en la neufiéme, & la Lune en la huictiéme infortunee, denotent troublement de sens, & folie. Venus iointe à Mercure, infortunee par Saturne ou Mars sans aspect de Iupiter, ou du Soleil, signifie notable lesion és parties de generation. Si Venus & Mercure sõt sous les rayons du Soleil, ils en signifiẽt autant. Saturne auec la Lune bruslé, cause paralysie & apoplexie. Mercure infortuné donne tousiours quelque empeschemẽt à la langue. Ce que fait aussi Saturne, quand il infortune le luminaire temporel. Le Soleil infortuné denote debilitation de cœur, principalement quand il est seigneur de la sixiéme maison, ou seigneur de la partie des maladies. Les infortunes auec la queuë du Dragon, causent dysenteries, & flux de ventre. Ceux qui ont le Soleil ou Mars aux signes d'Aries & de Gemini, ſont ſubiects à la pierre. La retrogradation & bruſlure de Saturne & de Iupiter, gaſtent l'oüir, & les dents. Quand la Lune & Mercure ne ſe regardent entre eux, & ne regardent l'aſcendant, ny le ſeigneur de l'aſcendãt, l'enfant ſera troublé de ſon entendement. La retrogradation de tous les cinq planettes, ſignifie epilepſie. Les infortunes iointes en l'aſcendant, en mauuais aſpect de la Lune, ou du ſeigneur de l'aſcendant, denotent folie entiere. La partie des maladies auec ſon ſeigneur fortunee, preſerue de maladies: infortunee, donne beaucoup de maux.

Du mariage.

CHAPITRE XXII.

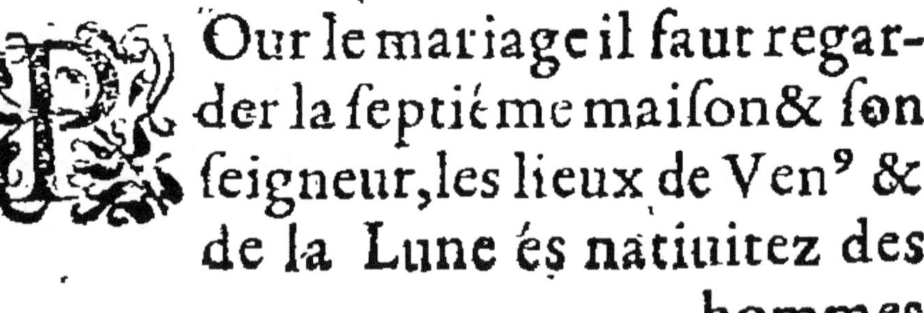

POur le mariage il faut regarder la ſeptiéme maiſon & ſon ſeigneur, les lieux de Ven⁹ & de la Lune és natiuitez des hommes

hommes : ou les lieux du Soleil & de Mars, és natiuitez des femmes : & les parties de mariage & le lieu de Iupiter. Si lesdits significateurs sont fortunez, le mariage sera heureux : s'ils sont infortunez, il sera plein d'ennuis, de reproches, & de malheurs : Si les vns sont fortunez, les autres infortunez, par certains tẽps, ores l'heur, ores le malheur se manifestera. Plusieurs planettes dedans la septiéme maison, donnent plusieurs femmes : semblablement quand plusieurs planettes regardent ladite maison, ou son seigneur. Si Venus & le seigneur de la septiéme maison sont bruslez, ou autrement de Saturne opprimez, l'enfant ne se mariera iamais. Iupiter & Venus dedans la sixiéme ou huictiéme, signifient qu'il espousera vne vefue. Iupiter bruslé, en signifie autant. Autrement, si Iupiter regarde Venus & les autres significateurs de mariage, il promet pucelles &

vierges. Si Venus ou Iupiter, ou le ſeigneur de la ſeptiéme maiſon ſõt ioints à Saturne, ou ſi Saturne eſt dedans la ſeptiéme maiſon, la femme aura quelque note d'infamie : c'eſt à ſçauoir ou ſera d'eſtrange religion, ou ſera baſtarde, ou de race de lepreux, ou de laquelle les parents auront receu quelque ignominie, ou elle ſera difforme, & ſes parens de fort infime condition. Mars en ladite maiſon, ou regardãt de mauuais aſpect les ſignificateurs de mariage, entremeſle noiſes & contentiõs entre le mary & la femme. Ce que auſſi fait Venus en la ſeptiéme ou douziéme maiſon. Mars en la neufiéme, tant en la natiuité des femmes que des hõmes, denote quelque maniere de ſeparatiõ de mariage. Et Venus en la neufiéme, ſignifie que l'homme haïra ſa fẽme : non tant pour vice qu'il trouue en elle, que d'vn deſir d'eſtre ſolitaire. Les ſignificateurs de mariage infortunez,

ou

ou dedans les maisons cadantes, signifient la femme estre de plus infime race : ou le mary, és natiuitez des femmes. Si Venus, & le seigneur de la septiéme maison, accouplez auec les significateurs de richesses, regardent le seigneur de l'ascendant d'amiable aspect, ils donnent beaucoup de biens à cause des femmes. Les significateurs de mariage dedans la tierce ou neufiéme maison, ou ailleurs peregrins, signifient qu'il se mariera hors de son païs. Les fortunes dedans la septiéme maison, denotent heureux mariage: les infortunes, les rendent malheureux. Le seigneur de la septiéme dedãs la seconde, signifie qu'il verra la mort de sa femme. Les significateurs de mariage occidentaux, tesmoignent qu'il se mariera tard, ou que en ieunesse il prendra vne femme plus vieille que luy: orientaux, signifiẽt qu'il se mariera en ieunesse, ou que en vieillesse il espousera vne ieune femme. Semblablement faut iuger des maris és natiuitez des femmes.

Du douaire, & autres biens du costé de mariage.

CHAPITRE. XXIII.

POurce que la huictiéme maison est succedante à la septiéme, par bonne raison elle signifie le profit des significations de la septiéme, c'est à sçauoir du mariage. Si donques en la huictiéme est aucun planette fortuné, ou quelque partie fortunee, l'enfant aura grand doüaire de sa féme, & de ce costé rencontrera grãds heritages & grands biens. Au contraire si Saturne & Mars infortunent ladite maison, il n'aura grand doüaire, & d'iceluy mesmes ne sera iamais entierement payé. Quand les fortunes sont en ſont en ladite maiſon infortunez, il y a eſpoir de grands biens, deſquels à la parfin lon ne peut iouïr. Le ſeigneur dudit lieu infortuné en ſignifie autant: & s'il eſt fortuné, & accouplé auec les ſignificateurs de richeſſes, il denote grand profit & grands biens de ce coſté. Bien ſouuent il aduient que la ſeptiéme maiſõ eſt fortunee, & la huictiéme infortunee. Ce qui ſignifie petit doüaire, & deſeſpoir d'autres biens deuers la femme: & que toutesfois il ſera enrichy par la diligence, iuduſtrie, & fidelité de ſa femme.

De la mort.

CHAPITRE. XXIIII.

IL faut premierement regarder ſi aucun planette eſt en la huictiéme maiſon, car il conuient prendre iceluy pour ſignificateur de la mort. Si dedãs ladite maiſon n'y eſt aucun planette, prenez pour ſignificateurs tous ceux qui ſeront en la ſeptiéme, preferant celuy qui ſera mieux dignifié. Si dedãs la ſeptiéme n'y trouuez aucun, tirez le ſignificateur de la mort des lieux qui s'enſuyuent.

De l'aſcendant & de ſon ſeigneur.

De la huictiéme maiſon, & de ſon ſeigneur.

De la partie de la mort, & de ſon ſeigneur.

De l'huictiéme ſigne depuis le lieu du Soleil, & de ſon ſeigneur.

De l'huictieme ſigne depuis la Lune, & de ſon ſeigneur.

Du lieu du premier ſeigneur de la triplicité du quatriéme angle.

Du lieu du planette, qui a dignité de terme au degré de la ſeptiéme maiſon.

Le planette qui en tous ces lieux ſera plus dignifié ſera principal ſignificateur de la mort. Si Saturne eſtant en la huictiéme ou ſeptiéme maiſon, ou ailleurs

leurs plus dignifié és susdits poincts de la figure, est prĩcipal significateur de la mort, s'il est bien disposé, il tesmoigne, que ledit personnage mourra d'hydropisie, de quelque grande opilation du foye & de la ratelle, ou de fieure quarte, de flux de ventre, de phthisie, de quelque fieure hectique, d'apostemation des oreilles, &c. S'il est grandement infortuné, & ensemble le seigneur de l'ascendant, & le luminaire temporel sont mal disposez, il signifie mort violente par apoplexies, paralysies, catharres, suffocations, submersion en eaux, quand il est en signes aquees: par quelque cheute ou ruine, quãd il est en terrestres: par grands coups, pour estre pendu, quand il est en signes aërez, Si Iupiter est significateur de la mort, il signifie qu'il mourra d'vn pleuresis, d'vne squinance, de quelque chaude apostemation du foye, ou du poulmon, ou d'autre maladie prouenãte de ventositez, ou de sang, & ce s'il est fortuné: car quand il est mal disposé & infortuné il fait mourir par main de iustice, par commandement du Prince, par sentẽce de iuge ou de preuost, par submersion en eaux, pour estre foüetté, & flagellé, par long emprisonnement. Si c'est Mars bien disposé, par fieures tierces, & continues, par flux de sang, par carboncles & pestilences, par apostumes prouenantes de matieres choleriques & ardantes, par abortissements aux femmes. S'il est fort mal disposé, il fait pendre & estrangler, ou suffoquer, ou autrement tuer en son lict, ou dessus le cheual, quand il est en signe aëré: ou precipiter dedans l'eauë, quand il est en signe aquee: ou tomber de haut, ou de quelque ruïne meurtrir, quãd il est en terrestre: ou brusler, quand il est en signe ignee, principalement si le seigneur de l'ascendant, & le luminaire temporel sont infortunez par Mars. Si c'est c'eſt le Soleil bien diſpoſé, il mourra de quelque maladie chaude. S'il eſt infortuné, par cõmandement du Prince, ou par ſentence de iuge, ou il mourra en grande compagnie de gens, de mort ſubite, ou en priſon, ou en vn bourbier, ou en autre lieu puant & infame. Si c'eſt Venus bien diſpoſee, il mourra de trop manger fruićts, ou de trop continuer ſes voluptez, ou de quelque fiſtule, ou apoſtume. Si elle eſt infortunee, ſignifie mort par venin, principalemẽt quãd elle eſt bruſlee, ou iointe à Saturne : ou de trop ardante affection d'amour, ou des fortes douleurs du mal de Naples. Si c'eſt Mercure fortuné, il fait mourir par triſteſſes & fortes apprehẽſions, par iauniſſe, par phthiſis, par fieure hectique, & par trop veiller. S'il eſt grandement infortuné, par manie, epilepſie, par violente toux auec rompure de veines, par folle melancholie, & ialouſie. Si c'eſt la Lune bien diſpoſee;

pour trop manger viandes humides, pour boire de l'eau, pour trop cõtinuer ses voluptez. Si elle est infortunee, il faut considerer la nature d'iceluy qui l'infortune : car si c'est Mars, il mourra par feu, ou par blessure: ou par abortissement, si c'est vne femme. Si c'est Saturne, par ruïnes, cheutes, pestilences, & semblables accidents. Auant conclure de quelle mort la persõne mourra, il faut ensemble considerer la disposition du seigneur de l'ascendant & du luminaire temporel. Car s'ils sont bien disposez, la mort ne sera violente, combien que le principal significateur soit grandement infortuné. Si ledit significateur est infortuné, ensemble le luminaire temporel, ou le seigneur de l'ascendãt mal disposez, l'on estime que certainement la mort sera violente, si Iupiter ou Venus n'y entremeslent leurs fauorables rayons, & alors la personne tombera en grand danger de ladite

ladite mort violente, de laquelle toutesfois il eschappera miraculeusemẽt. Si l'vne des infortunes est au signe de Cancer, & l'autre au signe du Lyon, la mort sera violente : semblablement si aucune desdites infortunes est au signe du Lyon, & le luminaire temporel, ou le seigneur de l'ascendant est infortuné : & si l'vne des infortunes est en la premiere maisõ, & l'autre en la septiéme ou quatriéme : ou si l'vne est en la dixiéme, l'autre en la quatriéme. Le Soleil ou la Lune ou le seigneur de l'ascendant ioints auec Mars, à droit d'vne estoile fixe que les Astrologues nomment la teste de Meduse, ou autrement la teste du diable, fait par main de bourreau perdre la teste. Quand le Soleil & la Lune, Saturne & Mars occupent les quatre angles du ciel, ou à tout le moins les trois, la personne fera horrible mort. Car il perdra la teste, ou sera deffait à quatre quartiers, ou trainé à quatre cheuaux: principalement si ausdits angles sont les signes de Gemini, de Pisces, & d'Aquarius. Mars en la neufiéme ou huictiéme, au signe d'Aquarius ou de Gemini, opposite à la Lune & au seigneur de l'ascendant, sans bon aspect des fortunes, fait perir par foudre & par feux du ciel. Saturne en la douziéme, sixiéme, huictiéme, ou quatriéme maison, infortunant le seigneur de l'vne desdites maisons, fait mourir en prison, ou ailleurs en grandes peines & trauaux: principalement quand le luminaire temporel ou le seigneur de l'ascendant sont infortunez dedans lesdites maisons. La queuë du Dragon iointe aux significateurs de mort, denote poisons, venins, medecines violentes ou mal appropriees, & flux de vẽtre. Mars dedãs la quatriéme, huictiéme, douziéme, ou sixiéme infortunant leurs seigneurs, & le luminaire temporel, ou le seigneur

de

de l'aſcendant, teſmoigne mort violéte par effuſió de ſang, ou autrement.

Les ſignificateurs de mort dedans la neufiéme ou troiſiéme maiſon, ſignifient que la perſonne mourra par les chemins, ou en eſtrange païs : excepté s'ils ſont dedans leurs propres maiſons ou exaltations, car alors il mourra en ſa maiſon, apportant ſon mal des chemins. Leſdits ſignificateurs en leur propre maiſon ou exaltation font mourir en la maiſon : s'ils ſont peregrins, ils font mourir, hors de la maiſon. La Lune iointe à l'eſtoile fixe nommee La claire de la balãce Meridionale, ſignifie mort violente. Ce qu'elle fait auſſi quand elle eſt iointe aux autres eſtoiles qui ont nature des luminaires. Mars en la huictiéme auec la teſte du Dragon, fait pendre & eſtrangler. Pluſieurs planettes dedans la ſeptiéme maiſon, font mourir de quelque terrible & eſtrange mort.

Saturne, Mars, & la teste du dragon en la premiere, Venus & Mercure auec la queuë, en la septiéme, font mettre le corps en mille pieces. Si le principal significateur de la mort est bruslé, dedans sa propre maison ou exaltation, sans estre autrement infortuné, il fait mourir subitemēt de quelque foiblesse, ou autre subit & secret accidēt, sans autre violence. Les fortunes bien disposees en la huictiéme maison preseruent tousiours de mort violente.

Des voyages par terre, & par mer.

CHAPITRE XXV.

IVpiter, Venus, le Soleil, & Mercure fortunez en la neufiéme, denotent qu'il sera heureux en voyages par terre & par mer. Saturne & Mars signifient le contraire. Et principalement Saturne empesche les voyages par eau: & Mars les chemins par terre. Si dedãs la neufiéme n'y est aucun planette, il faut cõsiderer la Lune & le seigneur de la neufiéme, & les parties des chemins & voyages par terre & par eau, auec leurs seigneurs. Lesquels fortunez donnent proffitables peregrinations & nauigations : infortunez denotent le contraire. Sēblablement faut iuger de la troisiéme maison & de son seigneur quand ils sont bien ou mal disposez. La teste du Dragon en la neufiéme fauorise beaucoup à la fortune des voyages : la queuë fait le contraire.

De la constance en sa religion.

CHAPITRE. XXVI.

TOut ainsi que la teste du Dragon, les fortunes, les luminaires, & Mercure en la neufiéme bien disposé, denotent entiere foy & constance en sa religiõ: Saturne, Mars,

& la queuë du Dragon là peruertissent. Saturne de sa nature est plus enclin à la loy des Iuifs:& Mars à la loy des Turcs & Mahometistes: la queuë du Dragon fait tousiours hesiter de la verité de la loy. Le seigneur de la neufiéme, & la partie de la foy, auec son dominateur fortunez, rendent l'homme constant en sa foy: infortunez, le font varier. Si la partie de l'ame est au signe du Lyon en la naissance d'vn Chrestien, il sera fort constant en sa religion, si le Soleil est fortuné: & s'il est infortuné par Saturne, le fait desuier de sa foy, pour s'adresser à celle des Iuifs: s'il est infortuné par Mars, le rend plus enclin à la loy des Turcs & Mahometistes. Si ladite partie est és maisons de Saturne en la natiuité d'vn Iuif: ou és maisons de Mars en la natiuité d'vn Mahometiste, ils renierōt leur loy, si lesdits seigneurs de ladite partie sont retrogrades, ou autrement mal disposez. Saturne en la

neuf-

neufiéme, en la natiuité d'vn Iuif, ne luy diminue en rien sa foy. Quand aux songes, Saturne en ladite maison les signifie vrais, quand il est fortuné: Mars & la queuë du Dragon, les signifient vains & faux. Les autres significateurs, les asseurent vrais.

De l'action & profession.

CHAPITRE XXVII.

POur sçauoir de quelle profession sera l'enfant, il faut premierement regarder si aucun planette est en la dixiéme maison. Car il seroit significateur de la profession. Autrement faut venir à la partie de fortune & à son seigneur, à la partie de la profession & à son seigneur, à la dixiéme maison & à son seigneur, & aux lieux de Mars, Mercure & de Venus. Le planette qui sur ces lieux aura plus de dignitez, sera significateur de la profession. Lequel si c'est Saturne, il signifiera agriculture, mesnagerie, achets de rentes, & aucunesfois gouuernements de villes, quād il est és angles fortuné. Iupiter denote les officiers, iuges, beneficiez, prelats, euesques, & gouuerneurs des biens de l'eglise. Mars signifie capitaines, gens de guerre, monnoyeurs, forgerons, & autres qui vsent de fer & de feu: & medecins, quād il est en aspect de Venus. Le Soleil, represente les Princes & seigneurs, les magistrats, chasseurs, thresoriers, & sagittaires. Venus, ioüeurs, danseurs, perfumeurs, apoticaires, & en aspect de Mars, medecins.

Mercure, aduocats, notaires, greffiers, poëtes, rimeurs, philosophes, mathematiciens, diuineurs, escriuains, messagers, trafiquers. La Lune, ambassades, assesseurs, consuls, syndics, voyageurs, chasseurs. S'ils sont plusieurs significateurs, ou si le principal

est

est accouplé à plusieurs planettes, il faut mesler les significations des vns & des autres, & de ladite mixtion colliger la profession conuenante à la concurrence des astres. Il faut aussi regarder dedans quelle maison sont lesdits significateurs. S'ils sont dedans la seconde, la profession sera de faicts de marchandises, & de traffiques: si dedãs la troisiéme ou neufiéme, de faicts de religion, ou des arrentements des biens d'eglise. Si aux angles, de dominations & gouuernements. Si en la cinquiéme, d'ambassades, legatiõs, & d'autres choses de plaisirs. Si en la sixiéme, de faicts de malades, de seruiteurs, & de bestail, &c. Si la partie de l'honneur prouenante de la profession, est auec son seigneur fortunee, l'enfant acquerra grãd bruit & honneur à cause de sa professiõ. S'ils sont infortunez, si bien qu'il fasse, il n'acquerra iamais honneur en faicts de sa profession.

Des dignitez, offices, & honneurs.

CHAP. XXVIII.

POur les dignitez, offices, charges, & honneur, il faut regarder à la dixiéme maison, au luminaire tẽporel, à la partie de noblesse, à la partie du regne, à la partie des magistrats, & autres appartenantes à la dixiéme maison, auec leurs seigneurs. Le planette qui esdits lieux aura plus de dignitez, sera significateur desdites considerations, en bien ou mal, selon sa bonne & mauuaise disposition : particulierement aussi il faut poursuyure lesdits lieux, l'vn aprés l'autre, pour sçauoir duquel costé principalement lesdites dignitez, offices, & honneurs doyuent venir. Saturne en la dixiéme maison, ou en l'ascendãt, és natiuitez diurnes, signifie grand auancement & honneur apres trente ans, quand il n'est mal disposé és natiuitez nocturnes, denote

note continuelle crainte de receuoir dommage des Princes & Rois. Mars esdits lieux, és natiuitez nocturnes, signifie aussi grand auancement : és diurnes, pis que Saturne. La partie du regne & son seigneur dedans aucun des angles, tesmoignent grande faueur des Rois. Semblablement faut iuger des autres parties que nous auons deduites sur la dixiéme maison. Mercure en la dixiéme bien disposé & fortuné, promet dignitez, offices, & honneurs à cause du sçauoir. Venus & la Lune à cause des femmes. Iupiter pour sa vertu. Le Soleil & la teste du Dragon en ladite maison, en signifient autant. Les deux luminaires en leurs maisons ou exaltations, en la figure du ciel bien colloquez, denotent grand auancement & honneur. Ce que fait aussi Iupiter quand il reçoit la vertu de tous les autres planettes, & communique la sienne à Saturne & au Soleil:

& les fortunes, & les luminaires, quād ils ſont és angles du ciel. Pluſieurs planettes en la quatriéme maiſon denotent grand honneur apres la mort. Si aux poincts des angles eſt aucune eſtoile fixe de premiere ou ſeconde grādeur, ou autre ayant nature des luminaires, c'eſt vn grand ſigne d'incredible auancement. Ce qui aduient auſſi quand leſdites eſtoilles ſont iointes au luminaire temporel, ou à la partie de fortune, ou à ſon ſeigneur, ou aux planettes & parties qui ſont és angles. Ceux qui ont Saturne en la dixiéme bruſlé, ou le ſeigneur de la dixiéme bruſlé, ou par Saturne opprimé, ou qui ont la queuë du Dragon en la dixiéme, reçoyuent communémēt quelque forme de deshōneur, & ſouuent ſont priuez de leur eſtat, quand les fortunes n'y entremeſlent leurs fauorables rayons: excepté quand ils ſont ainſi infortunez en leurs propres maiſons ou exalta-

exaltations, ou és signes d'Aries & du Lyõ. Il faut noter que Saturne & Mars empeschent grandement les bonnes fortunes iusques à ce que l'homme a passé le nombre des ans correspondans au nombre des ans moindres desdits planettes: & s'ils empeschent plus de temps, ce sera iusques à ce que l'homme aura accompli le nombre des ans respondans au nombre des degrez des ascensions obliques du signe auquel ils seront en la natiuité.

Des compaignies, & amis.

CHAPITRE XXIX.

POur les compaignies & amis, regardez le lieu de Iupiter, l'onziéme maison, la partie des amis, la partie de compaignies honorables, auec leurs seigneurs. Le planette ayant plus de dignitez ausdits lieux, ſera principal ſignificateur des amis. Lequel ſelon ſa bonne ou mauuaiſe diſpoſition denotera honnorables, fideles & profitables amis: ou inutiles, peu loyaux, & de baſſe condition. Iupiter & le Soleil en ladite maiſon ſignifient compagnies honnorables & profitables. Ce que font auſſi Venus, la Lune, & Mercure audit lieu. Saturne en l'onziéme fortuné, teſmoigne amis graues, anciens, & honnorables: Mars gens de guerre, capitaines, & ſeigneurs. Saturne ou Mars en l'onziéme, hors de leurs principales dignitez, deſpourueuz des rayons des fauorables planettes, ſignifient quelque grand proces contre ſes amis: ou quelque grande faſcherie à cauſe d'eux, cõme il aduient communément aux reſpondans & aux cautions. Les parties des compaignies honnorables, & de loüange, auec leurs ſeigneurs fortunees ſignifient profit & honneur du

coſté

costé des amis: Infortunez, denotent le contraire. La partie des amis en signifie autant. La teste du Dragon en l'onziéme, donne faueur des amis: la queuë donne mille fascheries à cause d'eux.

Des proces & ennemis.

CHAPITRE. XXX.

LEs fortunes dedans la septiéme & douziéme maison donnent victoire contre les ennemis, quand elles sont en bon aspect du seigneur de l'ascendant. Et communément ceux qui ont ces deux maisons auec leurs seigneurs fortunez, sont heureux en proces. Le contraire faut iuger, quand elles auec leurs seigneurs sõt infortunez. Les infortunez esdits lieux signifiét beaucoup de noises & d'inimitiez. Ce que font aussi les parties des ennemis, & de discorde & accord, quād elles & leurs seigneurs sōt mal disposez. Le seigneur de la douziéme infortuné, signifie petite puissance des ennemis: infortuné, denote le contraire. Si l'vne des deux infortunes est en la douziéme, & l'autre en la sixiéme, en maling aspect du luminaire temporel, ou du seigneur de l'ascendant, l'enfant sera tué par ses ennemis. Ceux qui ont Saturne ou Mars ou la Lune opposite au Soleil au signe de Cancer, sont communement contraires à tout le monde. Mars en aucun des quatre angles, engendre naturellement noises, proces, debats, & inimitiez, contre tout le monde: excepté quand il est en bon aspect de Iupiter & de Venus. Car alors il exploite son ire & courroux contre les vices, & de grand zele maintient le droit d'vn chacun. Le seigneur de l'ascendant, ou la Lune, ou le Soleil, infortunez en la douzié-

douziéme maiſon, ſignifient grandes perſecutions & calomnies des ennemis. Le ſeigneur de l'aſcendant par le ſeigneur de la douziéme opprimé, teſmoigne qu'il mourra de la main de ſes ennemis. Le ſeigneut de la douziéme, & les planettes qui ſont dedans la ſeptiéme & douziéme maiſon, ſignifient la qualité des ennemis. C'eſt à ſçauoir le Soleil, ſignifie les Princes & grands ſeigneurs, la Lune tout le monde, Mars gens de guerre, &c.

Des empriſonnements & captiuitez.

CHAPITRE XXXI.

LE ſeigneur de l'aſcendant ou la Lune, ou le Soleil grandement infortunez dedans la douziéme, ſixiéme, & huictiéme, & quatriéme maiſon denotent empriſõnemens & mort dedans les priſons, ou en captiuité : principalement quand ils sont bruslez hors de leurs principales dignitez, & hors des signes d'Aries & du Lyon, & quand sont opprimez par Saturne seigneur de l'vne desdites maisons. Saturne & Mars és angles du ciel signifient tousiours quelque emprisonnement: & principalement Saturne. Mercure és angles sous les rayõs du Soleil, receuant maling aspect des infortunes, en signifie autant. Si Mercure, ou le seigneur de l'ascendant dõne sa vertu à Saturne estant en la huictieme, l'enfant demeurera longuemẽt en prison & captiuité. Si le seigneur de l'ascendant est en la douziéme en signe d'humaine figure, sans aspect des fortunes, ou des luminaires, il sera captiué & serf dés sa ieunesse. Si le seigneur de la neufiéme est bruslé dedans aucun angle du ciel, il sera prins par les chemins, & mis en prison. Les parties de prison, & de peine, trauail, & afflictiõ,

auec

auec leurs ſeigneurs bruſlees, ou autremẽt infortunees, ſignifient empriſonnements & captiuité. Ce que font auſſi les infortunes, quãd ſont bien dignifiees eſdits lieux. Les parties de tous ennuis, & de l'an perilleux, en ſignifient autant, quand elles, auec leurs ſeigneurs, ſont grandement infortunees. Leſdites parties auec leurs ſeigneurs fortunee preſeruent de priſons & de captiuité.

Des cheuaux, moutons, brebis, & autres animaux.

CHAPITRE. XXXII.

LEs fortunes & planettes fortunez dedans la ſixiéme & douziéme maiſon rendẽt les gens heureux en cheuaux & nourriture de beſtail. Les ſeigneurs deſdites maiſons fortunez, & accouplez, auec les ſignificateurs de richeſſes, en ſignifiẽt autãt. Naturellemẽt la ſixiéme maison denote brebis, moutons, chieures, & autre menu bestail : la douziéme, cheuaux, bœufs, vaches, chameaux & autres grands animaux. Les infortunes dedãs lesdites maisons, ou les seigneurs desdites maisons infortunez, signifient perte & dommage esdits animaux. Saturne & Mars en la douziéme font tomber des cheuaux auec notable lesion. Ce qu'ils font aussi quand ils sont ailleurs au signe du sagittaire. Le seigneur de la natiuité dedans la douziéme maison infortuné, en maling aspect du seigneur de la douziéme, fait tomber de la monture auec grand peril de mort, quand les fortunes & luminaires n'y iettent leurs amiables aspects. Si la douziéme est du Sagittaire, ou du Lyon, & le seigneur de l'ascendant, ou le Soleil, ou la Lune y sont infortunez, il tombera de son cheual & mourra: si les fortunes dedans la huictiéme ne destournent le mal.

IVGEMENTS ASTRONOMIQVES SVR LES natiuitez,

***

Contenans particulieres considerations.

LIVRE SECOND.

***

Des significations des planettes.

CHAPITRE. I.

SATVRNE a regard sur la droite partie de Septentrion, sur la terre & l'eau, sur la melancholie, & aucunesfois sur la phlegme crasse, sur les oreilles, la ratelle, la vessie, l'estomach, les nerfs, & les os. Et signifie gés passes, ou noirs, maigres, pensifs, solitaires, craintifs, resueurs, graues, contemplatifs, laboureurs, maçons, acheteurs de rentes, vsuriers, mesnagers, pescheurs, marchans d'huile, cuirs, poissons, tuiles, pierres, alums, &c. Des maladies signifie lepre, chancres, pourritures, fieures quartes, opilations, hydropisies, flux de vētre, colique, hernie, mole, podagre, chiragre, sciatique, sourdesse, epilepsie, incubus, folies melancholiques, difficultez de respirer, & autres engendrees d'humeurs crasses, ou de ventositez, qui durent longuement. Des aages, vieillesse. Des parties de l'an l'Automne. Des couleurs, le noir, liuide, plombin, tāné obscur. Des saueurs, l'aigre & adstringent, le poingnant auec austerité. Des iours, le samedi. Des regions, Bauieres, Saxe, Romandiole, Constance, & le premier climat. Des lieux particuliers, cauernes, lacs, estangs, cloaques, edifices antiques & ruines, cimitieres, lieux tristes, obscurs,

ſcurs, deſerts & puants.

Iupiter regarde l'occident, l'air, le ſang auec les eſprits vitaux, les poulmons, coſtez, foye, & arteres. Et ſignifie gens de bonne ſtature, de face pleine, chauues, creſpes, blancs auec vne plaiſante rougeur entremeſlee, ayans les yeux aſſez grands, les narilles aſſez courtes, les dents premieres aſſez grandes, gens honneſtes, gracieux, benins, religieux, abbez, eueſques, prelats, officiers, iuges, magiſtrats. Auec copulation de Saturne, ſignifie necromanciens, enchanteurs, exorciſateurs: auec Mars, medecins: auec le Soleil, appaiſeurs de querelles, controuerſes, & diſputations: auec Venus, muſiciens: auec Mercure, mathematiciens: auec la Lune, geometriens, geographes, & hydrographes. Des maladies, ſignifie fieures ephemeres, ſquinances, pleureſis, conuulſions, apoplexies, phlegmons, & autres prouenantes de ſang.

Des aages, entre la ieunesse & la vieillesse. Des parties de l'án, le Printemps. Des couleurs, le clair comme saphir, le citrin, le verdoyant tirant vn peu sur le rouge. Des saueurs, le doux & amiable. Des iours, le ieudy. Des regiós, Babylone, Perse, Hongrie, Espaigne, & le second climat. Des lieux particuliers, eglises, palais, lieux priuilegiez, nets, honnestes, & religieux.

Mars regarde le midy, le feu, les humeurs choleriques, les reins, le foye, les narilles, le fiel, & les genitoires. Et denote gés rouges de visage, le poil roux, la face ronde, les yeux iaunes, horrible regard, gés furieux, cruels, hazardeux, superbes, seditieux, soldats, capitaines, forgerons, charbonniers, boulengers, alquimistes, armuriers, fourniers bouchers, chirurgiens, barbiers, sergés, bourreaux, seló qu'il sera bien ou mal dispose. Auec Saturne communement signifie chirurgiens: auec Iupiter medecins

decins,& physiciés:auec le Soleil,medecins oculistes:auec Venus,barbiers, & tondeurs:auec Mercure,gens industrieux à faire phlebotomies : auec la Lune,arracheurs de dēts, & barboüilleurs des oreilles. Des maladies, il denote fieures tierces & continues,epidemies, pestilences, migraines de teste, carboncles, feux volages, pustules choleriques & ardantes, manies, phrenesies,flux de sang, vomissement de sang, passions choleriques, iaunisses,nephritiques,dysenteries,& autres prouenantes d'humeurs choleriques,& adustes. Des aages, la fleur de ieunesse. Des parties de l'an, l'Esté. Des couleurs,le rouge,ardant,sanguinolét, & tirant sur le fer. Des saueurs,l'amer, & le mordicant. Des iours, le mardy. Des regions; Sarmate,Getulie, Lombardie,& le tiers climat. Des lieux particuliers, maisons de forgerons,& de forgeurs de monnoye, boucheries, fournaiſes,& tous lieux dediez à fer, à feu,& à ſang.

Le Soleil domine ſur l'orient & midy, ſur le feu, ſur le ſang pur,& ſur les eſprits vitaux, ſur les yeux, ſur le cerueau, ſur le cœur. Et ſignifie gens ſages, prudents, diſcrets, cupides de gloire & d'honneur, de mediocre ou petite ſtature, couleur brune, grande barbe, les yeux iaunes, la face marquee, groſſe voix & aſſez mal plaiſante: Gens hõnorables, officiers, magiſtrats, ſeigneurs, princes & Rois, & gouuerneurs des païs, & grands chaſſeurs. Auec Saturne, denote rentiers, principaux metayers, & laboureurs honnorables. Auec Iupiter, beneficiez, prieurs abbez, & prelats, ou iuges & officiers de iuſtice. Auec Mars, capitaines, & cõducteurs de guerres. Auec Venus, gouuerneurs des biens des princeſſes, & officiers d'icelles. Auec Mercure, conſeilliers, ſecretaires, chancelliers. Auec

la

la Lune, legats, ambaſſadeurs, meſſagers hõnorables. Des maladies, Rheumes chaudes ſur le viſage & ſur les yeux, rougeur de viſage, cardiaque, palpitation de cœur, douleur de teſte prouenante de repletion de ſang, ou d'auoir trop demeuré aux rayons du Soleil. Des aages, ieuneſſe. Des parties de l'an, le cõmencement d'Eſté. Des couleurs, le iaune, le clair rouge, couleur d'or. Des ſaueurs, le poingnant auec vne douceur agreable entremeſlee. Des iours, le dimanche. Des regions, l'Italie, Sicile, Boheme, & le quatriéme climat. Des lieux particuliers, maiſons de Princes, Palais, Theatres, & autres lieux amples, magnifiques, & clairs.

Venus domine ſur la droite partie d'Orient, ſur l'air & l'eauë, ſur la mixtion de phlegme, ſang, eſprits, & ſemẽce de generation, ſur les reins, ventre, nõbril, foye, dos, & autres parties dediees à generation. Et ſignifie gents blancs ou bruns auec quelque rougeur entremeſlee, belle face, plaiſãt regard, le nez aquilin, les cheueux pleins, ioyeux, rians, liberaux, plaiſans, danſeurs, entreteneurs de dames, ioüeurs, parfumeurs, muſiciẽs, meſſagers d'amours. auec Saturne ſignifie prebſtres, & autres qui chantent & aſſiſtent ioyeuſemẽt aux ſepulchres, & morts. auec Iupiter, muſiciens & autres qui chantent les loüanges de Dieu en hymnes ſolennels. auec Mars, trompettes, & tabourins de guerre. auec Mercure, chãteurs de rhythmes & poëſies. auec la Lune chanteurs de vulgaires chanſons. Des maladies, apoſtumes de matieres humides, fiſtules, imbecillité d'eſtomach, de reins, & des parties de generation, folie prouenante de trop aimer, mal de Naples auec ſes ſuppoſts, & autres prouenantes de matiere froide & humide, & de venins. Des aages, l'adoleſcẽce.

ce. Des parties de l'an, le commencement du Printemps. Des couleurs, le blanc, verd, rouge, & vn peu iaune. Des ſaueurs, le doux, delectable, & ſauoureux. Des iours, le vendredy. Des regions, Arabie, Auſtrie, Suiſſes, & le cinquiéme climat. Des lieux particuliers, prez, iardins, fontaines, chambres bien parees, ſalles tapiſſees, licts aornez, & autres dediez à ieux, danſes, chanſons, & toutes voluptez.

Mercure preſide ſur le Septentrion, ſur l'eau & la terre : ſur les eſprits animaux, & ſur la confuſion des humeurs, ſur les mains, pieds, bras, nerfs, langue, bouche, dents. Et ſignifie gens ny blãcs ny noirs, maigres, de petite ſtature, à longs doits, la face longue, le front eſleué, le nez droit & lõguet, peu de barbe, les cheueux pleins, les yeux petits & haſtifs, gens ſubtils, ingenieux, inconſtãs, rimeurs, poëtes, aduocats, orateurs, philoſophes, diuineurs, arithmeticiens marchands, & negociateurs. auec Saturne, geometriens, & architectes. auec Iupiter, legistes, canonistes, & ceux qui gardent les registres des benefices, des eglises, & procez. auec Mars, sergens de bande, archers de garde, &c. auec le Soleil, maistres d'hostels de Princes & grands seigneurs, & leurs secretaires & despensiers. auec Venus musiciens, apoticaires, parfumeurs: la Lune, voyageurs, messagers, & traffiqueurs. Des maladies, vertigo, ou tourmẽt de teste, legereté de cerueau semblable à folie, folles imaginations, empeschemens de langue, phthisis, excoriations des iambes, pieds, & mains, & autres qui ont causes latentes, & reuiennent par certain temps. Des aages, le temps d'enuiron sept à quatorze ans. Des parties de l'an, l'Automne. Des couleurs, les estranges, diuers, & mixtionnez. Des saueurs, les estranges, & de nouueau goust. Des iours, le mercredi. Des regions,

gions, l'Egypte, la Grece, Angleterre, Flandres, Paris, & sixiéme climat. Des lieux particuliere, boutiques, foires marchez publicques, escholes, sales de procureurs.

La Lune domine sur la droite partie d'Occidēt, sur l'eau, sur la phlégme, sur les sueurs, menstrues, & semblables superfluitez, sur l'estomac, le ventre, le cerueau, le poulmon, les mamelles, & les yeux. Et represente gens de belle stature, blancs, à la face ronde & maculee, les yeux vn peu noirs & assez eminents, la barbe lõgue, les sourcils ioints gens amiables, pacifiques, modestes, voyageurs, peregrinateurs, chasseurs, ambassades, legat, cõsuls, syndics, assesseurs, gouuerneurs de villes, principalement en faicts de polices. auec Saturne, signifie charretiers, & viles negociateurs. auec Iuppiter, geometriens, & geographes. auec Mars, arracheurs de dents, alquemiſtes, & ſouffleurs. auec le Soleil, meſſagers honorables. auec Venus, pacquetiers auec. Mercure, poëtes, rimeurs, meſſagers, voyageurs, traffiqueurs. Des maladies, podagres, chiragres, ſciatiques, hydropiſies, apoplexies, paralyſies, catarres, tremblements de membres, maladies ſomnolentes, flux de ventre, vomiſſements, fiſtules, vers, & autres cauſees de froideur, auec humidité. Des aages, l'enfance. Des parties de l'an, l'hyuer. Des couleurs, le blanc, blond, iaune, verdoyant. Des ſaueurs, le ſalé, & inſipide, ou mauſade. Des iours, le lundy. Des regions, Flandres, Afrique, & le ſeptiéme climat. Des lieux particuliers, fontaines, champs, mõtaignes, riuieres, ports, riues de mer, bois, chemins publiques, & lieux deſerts.

Des ſignifications des douze ſignes.

CHAPITRE II.

Aries

ARies domine sur le cœur d'Orient, sus le feu, sur les humeurs choleriques & adustes, sur le commencement du printemps, sur la teste, le nez, la face, les oreilles, & les yeux. Et signifie gens maigres, roux, camus, choleres, robustes, & adroits, gens de guerre, capitaines, soldats, alquemistes, & autres martialistes. Des maladies denote apoplexie, manie, flux de sang, rougeur de visage, abortissements, cheutes, playes, & toutes maladies violentes & impetueuses. Des couleurs, le rouge, iaune, & sanguinolent. Des saueurs, le doux: Des regions, Bretaigne, Allemaigne, Idumee, Iudee Angleterre, Naples, Florence, Fauence, Imole, Capue, Ferrare, Vicence, Verone, Pauie, Cracouie, Marseille, Sarragosse, & le tiers climat. Des lieux particuliers, champs, pasturages, maisons de forgeurs de monnoye, & lieux de sang & de iustice.

Taurus, domine sur la partie gauche de mydi, sur la terre, sur les humeurs melancholiques, sur le milieu du printemps, sur les machoires & le col. Et signifie petites gens, charnus, à grosses espaules, grands yeux, le ventre large, gés laborieux, liberaux, veritables, voluptueux, messagers d'amours, danseurs, ioueurs. Des maladies, escrouëlles, catarrhes, squinances, & autres maladies du col. Des couleurs, le verd & blanc. Des saueurs, le doux auec adstriction. Des regions, les maritimes d'Asie la moindre, Cypre, Medie, Perse, Campanie, Rhetie, Suysse, Lorraine, Boulongne, Sepe, Mantouë, Tarante, Parme, Panorme, Capue, Salerne, Verone, & sixiéme climat. Des lieux particuliers, champs labourez, vignes cultiuees, prez verdoyans, iardins, & autres lieux plaisans, & odoriferans.

Gemini, domine sur la partie droite d'Occident, sur l'air, sur le sang, sur la la fin du printemps, sur les espaules, bras, & mains. Et signifie gens de mediocre stature, belle face, beau corps, abondans en poil, petits yeux, gens laborieux, subtils, ingenieux, prudents, dociles, fraudulents, arithmeticiens, geometriens, astrologues, orateurs, poëtes, aduocats, sortileges, diuineurs, negociateurs, tisseurs. Des maladies, phlegmons, foroncles, & autres prouenantes de sang ausdites parties. Des couleurs, les mixtionnees. Des saueurs, le doux. Des regions, Hircanie, Armenie, Mantiane, Cyrenaïque, Marmarique, Egypte la basse, Angleterre, Sardigne, Brabant, Flandres, Lombardie, Viterbe, Vercel, Noremberg, Louuain, Magonce, Bruges, Londres, Paris, Cordube. Des lieux particuliers, foires, escholes, boutiques : lieux de montaignes hautes, lieux de chasse d'oiseaux, lieux garnis d'instruments de musique.

Cancer domine ſur le cœur de Septentrion, ſur l'eau, ſur les humeurs crues,& phlegmatiques, ſur la poitrine, les coſtez & poulmons, ur les mamelles & l'eſtomach. Et repreſente gẽs amiables, pacifiques, modeſtes, blancs, la face remplie, le nez longuet, larges eſpaules, peu de barbe, vn peu pareſſeux, inconſtans & puſillanimes, nauigateurs, peregrinateurs, conſuls, ſyndics,&c. Des maladies, Alopecie, lepre, obſcurité des yeux, gales,& faſcheuſes maladies au viſage & au corps. Des couleurs, le blanc & blond. Des ſaueurs, le ſalé, & ſon contraire l'inſipide. Des regions, Bithynie, Phrygie, Afrique, Carthage, Eſcoſſe, royaume de Grenade, Conté de Bourgongne, Pruſſe, Holande, Zelande, Conſtantinoble, Tunis, Veniſe, Milan, Genes, Luques, Piſe, Treues, Magdebourg, Berne. Des lieux particuliers, eſtangs, lacs, riuieres, mer,& ports de mer.

Leo

Leo domine ſur la partie gauche d'Orient, ſur le feu, ſur la cholere, ſur le cœur, eſtomach, foye, dos. Et repreſente belles gens, droits, le nez large & petit, grandes oreilles, vn peu eſtrange regard, la face brune, le corps rougeaſtre, chauues, magnanimes, de grand cœur, Princes, officiers, magiſtrats, gouuerneurs, Rois. Des maladies, cardiaque, tremblement de cœur, ſyncopis. Des couleurs, le iaune & roux comme or. Des ſaueurs, l'àmer, & le fort. Des regiõs, l'Italie, France, Apulie, Sicilie, Chaldee, Boheme, Rome, Rauenne, Prague, Vlme, Mantouë, Cremone, Siracuſes. Des lieux particuliers, terres noble, ſeigneuries, chaſteaux, villes, palais, & edifices Royaux.

Virgo domine ſur la partie droite de mydi, ſur la terre, ſur la melancholie, ſur les boyaux, ventre, & diaphragme. Et ſignifie gens de mediocre grandeur, le corps droit, belle face, bonne voix, les cheueux crespes, petits yeux, prudents, dociles, ingenieux, cupides de gloire & d'honneur, escriuains, arithmeticiens, geometriens, bateleurs. Des maladies, colique, iliaque, &c. Des couleurs, le blanc, & purpuree. Des saueurs, l'astringent. Des regions, la Grece, Achaïe, Crete, Mesopotamie, Assyrie, Cilicie, Athenes, Rhodes, Alexandrie, Hierusalem, Corinthe, Tarante, Beneuente, Ferrare, Pauie, Basle, Paris, Lyon, Tolose. Des lieux particuliers, foires, boutiques, escholes, terres semees.

Libra domine sur le cœur d'Occident, sur l'air, sur le sang, sur le commencement d'Automne, sur les reins. Et denote gens simples, honnorables, belle face auec blancheur de tout le corps, les yeux vn peu troubles, ou gastez, ioueurs, danseurs, musiciens, chasseurs, iuges. Des maladies, suppression d'vrine, flux de sang par bas, pierres

aux

aux reins, & obſcurité des yeux. Des couleurs, le verd. Des ſaueurs, le doux. Des regiõs, Bactriane, Caſpie, Thebes, Troglodytiques, Ethiopie, Tuſcie, Auſtrie, Sauoye, Dauphiné, Gaiete, Plaiſance, Argenton, Vienne d'Auſtrie, Francford, Spire, Auguſte, Arles, Lyſbone. Des lieux particuliers, où l'on iuge les proces, tous lieux hauts, & montaignes portans bleds ou vins, ou autres fruicts.

Scorpio domine ſur la partie gauche de Septentrion, ſur l'eau, ſur les humeurs phlegmatiques & aquoſitez. Sur les parties dediees à generation. Et ſignifie gens aſſez difformes, la poictrine large, la teſte mal faicte, grands parleurs, iaſeurs, moqueurs, menteurs, gourmãs, voluptueux, traiſtres, eſpies, empoiſonneurs. Des maladies, obſcurité des yeux, rõgnes, tignes, chãcres, lepres, alopecies, & difformes maladies au viſage, & par tout le corps, empoiſõnements, violences de medecines, &c. Des couleurs, le rouge, & tanné. Des sauēurs, le salé & insipide. Des regions, Syrie, Cappadoce, terre des Mores, Gatalongne, Bauieres, Trapezonce, Saxe, Padouë, Vrbin, Brixie, Valence en Espaigne, Viēne en Dauphiné. Des lieux particuliers, vignes & iardins mal accoustrez, lieux deserts, puants, infects, abondans en vers, crapaux scorpions, &c.

Sagittarius, dominie sur la partie droite d'Orient, sur le feu, sur la cholere, sur la fin d'Automne, sur les cuisses, & toutes parties superfluës, comme vn sixiéme doigt, &c. Et represente gēs de haute & droite stature, la face iaune ou roussatre, la poictrine ample, les yeux de chat, gens iustes, & pitoyables, & ceremonieux, iuges, magistrats, prelats, beneficiez, marchands, chasseurs. Des maladies, obscurité de yeux, cheutes d'enhaut, blessures par cheuaux, fieures

fieures, playes. Des couleurs, le iaune clair. Des ſaueurs, le fort & agu auec quelque douceur entremeſlee. Des regions, Tuſcie, Eſpaigne, Arabie l'heureuſe, Portugal, Hongrie, Sclauonie, Volterre, Mutine, Bude, Cracouie, Narbonne, Auignon, Tolete. Des lieux particuliers, iardins, chemins, montaignes, & où l'on paiſt les cheuaux.

Capricorne domine ſur le cœur de mydi, ſur la terre, melancholie, genoux ſur le commencement de l'hyuer. Et ſignifie petite ſtature, petite teſte ronde, la face brune, beau nez, beaux yeux choleres & triſtes, cauts, ſecrets, prudents, laboureurs, paſteurs, peſcheurs, nautonniers, meſnagers, acheteurs de rentes. Des maladies, rongnes, gales, deformitez de la peau, empeſchemens des oreilles, de la voix, & des yeux, flux de ſang par bas. Des couleurs, le noir, & terreſtre. Des ſaueurs, l'amer aſtringent. Des regions, Macedoine,

Thracie, Indie, Brandebourg, Ancone, Tauence, Tortonne, Ausbourg, Constance, Gand, Malines. Des lieux particuliers, iardins, fontaines, riuieres, champs labourez, terres cultiuees, prisons, cauernes, lieux obscurs, profonds, & pleins de fumees & de vapeurs.

Aquarius domine sur la partie gauche d'Occident, sur l'air, le sang, & les iambes, sur le milieu de l'hyuer. Et signifie belles gens, beaux visages longuets, la face vn peu rouge, la poictrine ou le coude marqué, gens affables, sociables, auares, prudents, addonez à actes saturnins. Des maladies, fieures quartes, iaunisses noires, &c. Des couleurs, le verd, & iaune obscurs. Des saueurs, le doux. Des regions, Arabie, Ethiopie, Sarmatie, Oxiane, Tartarie, Dannemarc, Piemont, Montferrat, Pisaure. Des lieux particuliers, lacs, estangs, cloaques, caues, sepulcres, maisons

ſons infames.

Piſces domine ſur la partie droite de Septentrion, ſur l'eau, phlegme, aquoſitez, & ſur les pieds, ſur la fin de l'hyuer. Et ſignifie gens de couleur blãche, delicats, beau front, belle poictrine, belle barbe, les yeux ouuerts & aſſez grands, aſſez maladifs, peſcheurs, & nauigateurs. Des maladies, gales, vlceres, & taches difformes à la peau, douleurs aux pieds. Des couleurs, le verd, blanc, & mixtionné. Des ſaueurs, le ſalé & inſipide. Des regions, Lydie, Lycie, Cilicie, Pàmphilie, Calabre, Normandie, Ratiſbone, Rouan Compoſtelle. Des lieux particuliers, ports de mer, riues de riuieres, eſtangs, & lieux aquatiques.

De ce que ſignifient les Planettes eſdits ſignes.

CHAPITRE. III.

SAtune en ſes ſignes de Capricorne & d'Aquarius, és natiuitez diurnes, donne congnoiſſance & amitié de gens nobles & de credit, & grandes richeſſes, principalement en l'aſcendant auec la partie de fortune : & fait l'homme graue, prudent, ſuperbe, & melancholique : & premier de tous ſes freres, ou plus auancé. Es natiuitez nocturnes, donne grand's peines & trauaux, & beaucoup de maladies.

Iupiter eſdits ſignes fait l'homme de petit courage, infortuné en biens d'egliſe, autrement riche, qui ſe dit touſiours pauure.

Mars, le fait audacieux, grand entrepreneur, non en vain : & fait voir la mort des freres.

Le Soleil, és natiuitez diurnes, ſignifie qu'il ſera parfait & heureux en toutes ſes entrepriſes : és nocturnes, qu'il aura inconſtante fortune.

Venus

Venus, le fait adultere, & effeminé, & denote q̄ ses femmes ne viurōt gueres

Mercure, y prend empeſchement de langue, & rend l'homme mal diſant, autremēt ſçauant, & qui hantera gens de ſçauoir & de religion.

La Lune, fait l'homme pareſſeux, de qui lon a mauuaiſe eſtimation, & de ſa mere auſſi, & ſignifie imbecillité des yeux, & grande toux.

Aux maiſons de Iupiter. ♐ ♓.

Saturne dedans les maiſons de Iupiter, qui ſont Sagittarius & Piſces, fait l'homme beau, riche, puiſſant, veritable, és natiuitez diurnes: és nocturnes, noiſes contre gens d'authorité, & prochaine mort du pere.

Iupiter, ſignifie richeſſe, honneur, grand credit, & offices.

Mars, rend les gens nobles, & les fait conducteurs de guerres, & amis des Princes.

Le Soleil, les fait beneficiez, prelats,

officiers, & plus amancez que autres de toute leur famille: ils seront toutesfois grandement luxurieux.

Venus, y donne des bien de l'eglise, ou du costé de femmes : & les fait discrets, honnestes, entiers : lesquels toutesfois auront souuent noise à l'encontre de leurs parents, domestiques, & alliez.

Mercure, les fait iustes, gens de bien, qui par leur propre vertu paruiendrōt à la congnoissance & amitié de grands seigneurs & Rois.

La Lune, les rend premiers, & plus honnorez entre leurs amis: les fait luxurieux, sains, & de longue vie.

Aux maisons de Mars. ♈ ♏.

Saturne, donne grand courroux, & cruelle malice.

Iupiter, fait l'homme heureux, & amy des grāds seigneurs, & conducteur de guerres, principalement au signe d'Aries.

d'Aries.

Mars, dedans ſes maiſons, ſignifie capitaines, gouuerneurs de guerres, & grands ſeigneurs.

Le Soleil, maladies chaudes, au ſigne du Scorpion : au ſigne d'Aries, grand auancement.

Venus, denote luxure, & toute vilaine volupté, voire contre nature, & mal traittement aux femmes. Toutesfois elle au ſigne d'Aries fait haïr les femmes, principalement ſi la Lune eſt au meſme ſigne, & ſi le Soleil eſt en ſigne maſculin.

Mercure, fait l'homme menteur, malin, trompeur, faſcheux, demandeur de choſes iniuſtes: autremẽt eloquent, ruzé en ſes affaires, diligent, ſouſpeçonneux, necromantien, vn peu fauſſaire, ou larron.

La Lune, denote mauuaiſes compaignies, peril d'eſtré noyé, & brieue fin de la mere.

Aux maisons du Soleil. ♌.

Saturne au signe du Lyon, maison du Soleil, signifie bonne fortune & lõgue vie au pere.

Iupiter, fait l'homme sage, de bon esprit, de bonne nature, amiable, qui par vertu viendra à la cognoissance & amitié de grands Princes & Rois.

Mars, denote mort violente, grandes maladies, perte de biens, infirmitez des yeux, & de l'estomach.

Le Soleil en sadite maison signifie grand & incredible auancement, aux angles, ou maisons succedantes, quand la natiuité est diurne: quand elle est nocturne, signifie tristesses, ennuis, & brieue fin du pere.

Venus, forte amour, grande luxure, & impudique vie, quand Iupiter ne la regarde.

Mercure, bons escriuains gens de sçauoir, bonne memoire, grand conseil.

La Lune, honnorables compaignies, & viuacité d'esprit.

Aux maisons de Venus. ♉ ♎.

Saturne, denote impudique vie, amour de filles & femmes de petite cōdition, maladies à cause de lubricité.

Iupiter, compaignies honnorables, amitié de grands seigneurs, profit du costé des femmes, ou biens ecclesiastiques, ou prouenans de gens d'eglise.

Mars, gens furieux, rauisseurs de femmes, deshontez à leur lubricité, iusques à y contraindre les parentes, & alliees. Au signe de Taurus fait l'hōme faux & traistre: au signe de Libra, denote quelque blessure par fer ou par feu.

Le Soleil, le fait contemplatif, veritable, interpreteur de songes, curieux des secrets de nature, amateur de peregrinations.

Venus, signifie resiouïssance, grande prosperité, heureux effects des entreprinſes, mais il aymera femmes reprehenſibles.

Mercure, donne beaucoup de bons & profitables amis: rend l'homme plaiſant, ioyeux, & muſicien.

La Lune, donne profit des femmes.

Aux maiſons de Mercure. ♊ ♍.

Saturne, fait l'homme fort ſçauant, ingenieux, de grand iugement: qui aura des enuieux qui le pourſuyuront: ſa langue ſera empeſchee, ſon courroux violent.

Iupiter, le fait auſſi ſçauant, ou marchand, homme de bonne foy, & plus riche que ſes parens.

Mars, pareſſeux, prudents, cauteleux, gẽs de guerre, ſagittaires, negotiateurs, contrefaiſeurs de lettres, fauſſaires.

Le Soleil, donne abondance de ſçauoir tant en matiere de iugemens, que en mathematiques.

Venus, compaignies & amitiez de gents d'egliſe: autrement elles les rend

fort

ſort lubriques.

Mercure en ſes propres maiſons, ſignifie gens pleins de tout ſçauoir, philoſophes, mathematiciens, orateurs, aduocats, poëtes, rithmeurs, diuineurs, mechaniques induſtrieux.

La Lune, bonne vie & longue, grande intelligence des affaires qu'il entreprend, bonne fortune en marchandiſes, amour de ieunes garſes.

A la maiſon de la Lune. ♋.

Saturne, grandes maladies, perte de biens, dõmage aux yeux, voyages, deſquels il ne retournera iamais, ou bien tard, auec grand' peine.

Iupiter, amitié de gents honnorables, bonne renommee, & bonne fortune.

Mars, legereté d'eſprit, temerité, audacieuſes entreprinſes, leſion des yeux, perte des biens de la mere.

Le Soleil, bonne renommee : & s'il eſt ioint à la queuë du Dragon, ou à Saturne, ou Mars, leſion aux yeux, peril de noyer, & frequents voyages.

Venus, ſignifie inconſtance, & impetueuſe luxure.

Mercure, bonne volonté, chaſteté, fidelité, & heureuſe fortune en faicts de marchandiſe.

La Lune, ſanté, & profit en voyages, traffiques, & marchandiſes, quand elle eſt fortunee : ou quand eſt infortunee, continuelles maladies, dommages aux yeux, perils de mort par terre & par eau.

Des aſpects des planettes entre eux.

CHAPITRE IIII.

LA conionction de Saturne & de Iupiter, donne belles poſſeſſions, metairies, rentes, maiſons,

maiſons, & charges des affaires du Roy, profitables, ſi Mars ne les regarde.

La ☌ de Saturne & Mars, ſignifie que l'enfant ſera repoſé : mais il ne pourra accomplir ſes entreprinſes ſans grande difficulté, & mourra pluſtoſt que ſon pere & ſa mere: & ſes freres encores mourront auant luy.

La ☌ de Saturne & du Soleil, perte du patrimoine, grand trauail pour acquerir biens, & pis és natiuitez nocturnes.

La ☌ de Saturne & Venus, denote que l'homme n'aura point d'enfans maſles, qu'il eſpouſera quelque vieille, ou quelque vefue, ou autre de fort infime condition, ou vne baſtarde, ou autre, bleſſee de ſon honneur, ou de laquelle les parens ont quelque tache.

La ☌ de Saturne & Mercure, le rend vagabond, pauure, indigent, de nul meſtier, duquel la langue eſt empeſchee.

La ☌ de Saturne & de la Lune, imbecillité du corps, perte du costé des parents.

La ☌ de Iupiter & Mars, signifie richesse, domination, gouuernement de guerres, bonne & grande renommee.

La ☌ de Iupiter & du Soleil, pauureté, & indigence s'il n'est oriental, car alors il promet bonne fortune au pere, à luy, & à ses enfans.

La ☌ de Iupiter & Venus, bonne institution, amitié de gens honnorables, & profit d'eux, & de la femme, & des enfans.

La ☌ de Iupiter & Mercure, signifie lègistes, secretaires, chancelliers.

La ☌ de Iupiter & la Lune, grandes richesses.

La ☌ de Mars & du Soleil, perte du patrimoîne, dommage és biens, courte vie au pere, & grand peril d'estre brus-

léà

lé à l'enfant.

La ☌ de Mars & de Venus, proces, noiſes, debats à cauſe des femmes, adulteres auec femmes d'infime condition.

La ☌ de Mars & Mercure, menteurs, ruzez, eloquents, diligéns, babillards.

La ☌ de Mars & la Lune, courte vie, playes, coups, danger de mort violente par fer, ou par feu, ou par cheutes & ruïnes.

La ☌ du Soleil & de Venus, loüäge, bonne renommee, faueur du populaire, meſmement des femmes.

La ☌ du Soleil & de Mercure, ſapiẽce, ſcience, grand auancement, & eſtimation d'eſtre fort ſçauant.

La ☌ du Soleil & de la Lune, courte vie, domination, & compaignies honnorables.

La ☌ de Venus & Mercure, fait l'hõme plaiſant, ioyeux, ioueur, danſeur, muſicien, bien accouſtré: & luy apporte dommage du costé des femmes. S'ils sont conioints sous les rayons du Soleil, ils font quelque notable lesion és parties de generation.

La ☌ de Venus & de la Lune, fait l'homme beau & plaisant, superbe, adultere, & de qui la femme est adultere, si Mars y iette ses rayons, sans aspect de Iupiter.

La ☌ de Mercure & de la Lune, signifie loüange, bonne renõmee, science, & inconstance de mœurs & de fortune.

Le trine aspect de Saturne & Iupiter, signifie heritages, possessions, belles maisons, richesses, rencontres de thresors, grands gains, quãd ils sont és fortunables lieux de la figure.

La △ de Saturne & Mars, grand auãcement, dignitez, grand credit, domination & gouuernemens de villes & païs: & mort des freres.

Le △ de Saturne & du Soleil, domination,

nation, offices, dignitez, grãde renommee, és natiuitez diurnes: és nocturnes fait dissiper les biens patrimoniaux, & derechef les fait par sa vertu redresser, & acquerir de plus grands.

Le △ de Saturne & Venus, fait l'hõme reposé, pacifique, honneste, pudique, de bonne conuersation, de bonne renommee: qui de gens de basse condition sera poursuyui d'enuie, & se mariera tard.

Le △ de Saturne & Mercure, le fait prudent, ruzé en tous ses affaires, homme de bien, & fort sçauant, ingenieux, industrieux, arithmeticien, geometriẽ, astrologue, geographe, presidẽt en matieres de contes & calculations, chancelliers, secretaires, greffiers.

Le △ de Saturne & de la Lune, faueur de grands seigneurs & Rois, gloire, honneur domination.

Le △ de Iupiter & Mars, signifie audace, hõneur, victoire, faueur de Rois, gouuernements de villes, grand credit.

Le △ de Iupiter & le Soleil, fauorise grandement à gloire, honneur, domination, credit, & dõne grandes richesses, & belles possessions, & beaux enfans.

Le △ de Iupiter & Venus, denote beauté, grace, fidelité, honnesteté, profit des femmes, & des amis, dignitez, heritages par leurs moyens.

Le △ de Iupiter & Mercure, fait l'hõme ingenieux, subtil, sçauant, de bon iugement & aduis, heureux en ses entreprinses, iuge, officier, grãd seigneur, secretaire, bien entendu en secrets de nature, & en Astrologie.

Le △ de Iupiter auec la Lune, signifie noblesse, gloire, honneur, bonne renõmee, amour de vertu, fidelité, principautez, & dominations.

Le △ de Mars auec le Soleil, grand auancement, grand credit, dignitez, dominations, administrations, de Republiques,

bliques, & conduites de guerre.

Le △ de Mars auec Venus, gaing, richesses, biens des femmes, superbe, arrogance, braueté, lubricité.

Le △ de Mars & Mercure, prudence, ruze, subtilité d'esprit: & fait l'homme secrettement studieux, bon aduocat, president en matieres de conte, & riche.

Le △ de Mars auec la Lune, le fait heureux en tout ce qu'il entreprend, president en matieres de contes, officier honnorable, & grand seigneur, auec bonne renommee.

Le △ du Soleil auec Venus, signifie ce que le trine de Mars & Venus, auec grand honneur desdites significations.

Le △ du Soleil auec Mercure & auec la Lune, semblablement comme de Mars, auec grand honneur & profit.

Le △ de Venus auec Mercure, braueté, plaisance, grace & beauté, & heureuses entreprinses auec profit.

Le △ de Venus & la Lune, beauté, grace, braueté, ſuperbe, adultere.

Le △ de Mercure auec la Lune, fait grandement eſtimer l'homme en ſa profeſſion, ſoit en muſique, peinture, ou autre induſtrie mechanique, ou en tout ſçauoir, ou en marchandiſe, ou office.

Les ſextiles aſpects ſont les meſmes effects que les trines: excepté que les ſextiles ne ſont de ſi parfaicte vertu.

Le quadrat aſpect de Saturne & Iupiter, ſignifie perte de biens patrimoniaux, grandes aduerſitez, empeſchemens en toutes entreprinſes, vaines cogitations, principalement quand Saturne eſt eſleué ſur Iupiter, ſans le receuoir.

Le □ de Saturne & Mars en ſignifie autant: & outre, fait voir la mort des freres.

Le □ de Saturne & du Soleil, outre leſdites ſignifications, porte grand dõmages mage à l'honneur, & gaste le corps de maladies froides, & contractions de nerfs, & fait mourir le pere plustost que la mere, & rend l'enfant vn peu mal aggreable au pere.

Le □ de Saturne auec Venus, perte de biens, pauureté, miserables fortunes aux femmes, inciuilité, quand Saturne tient la droite partie de l'aspect. Car quand Venus la tient, l'enfant sera pudique & de bonnes mœurs, & ses femmes l'aimeront affectueusement, combien que elles dissimulent l'amour, & veulent dominer en la maison.

Le □ de Saturne & Mercure, fait l'homme laborieux, serf, de pauure conseil, sourd, ou mal oyant, begue, ou mal parlant, poursuyui d'enuie.

Le □ de Saturne & de la Lune, le fait paresseux, maladif, mal gracieux, chagrin, sans amis, dissipateur des biés de sa mere & de ses femmes.

Le □ de Iupiter & Mars, si Iupiter est plus puissant, signifie que l'enfant sera estimé, prisé, & honnoré des Princes & Rois, & qu'il sera perseuerant en ses entreprinses auec proffit, toutesfois il perdra ou dissipera ses heritages & possessions, & verra la mort ou destruction de ses enfans. Si Mars est plus esleué, il signifie procez, debats, perte à cause de grands seigneurs, & vie laborieuse.

Le □ de Iupiter auec le Soleil, si Iupiter est superieur, honneur, proffit, & bonne fortune au pere. Si le Soleil est superieur, l'enfant dissipera ses biens, & ne sera aimé de ses voisins, & s'en ira hors de son pays.

Le □ de Iupiter & Venus, proffit des femmes, fidelité, honnesteté, ciuilité, quand Iupiter est plus haut. Quand il est inferieur, luxure, deception par femmes, inconstance, ioye incontinent tournee en tristesse, quand Venus n'est n'est par Iupiter receuë.

Le □ de Iupiter & Mercure, signifie l'homme sçauant, mathematicien, sortilege, diuineur, abondant en seruiteurs assez fidelles, & luy assez riche, principalement quand Mercure est receu par Iupiter.

Le □ de Iupiter & la Lune, bonne renommee, grand' honneur, cognoissance & amitié de grands seigneurs, auec vne petite inconstance de fortune, & des mœurs.

Le □ de Mars auec le Soleil, signifie beaucoup de maux, perte de biens, obscurité des yeux, & grand danger de mort violente, ou publique.

Le □ de Mars auec Venus, grandes facheries & tribulations à cause des femmes, inconstance, legereté d'esprit, & fait espouser femmes de basse condition, ou impudiques & aucunement diffamees, quand Mars est en signe mobile.

Le □ de Mars auec Mercure, imbecillité de tout le corps, prisõs, pourſuites, accuſations, fauſſe nature de l'enfant, auec malice & iniquité.

Le □ de Mars & la Lune, ſignifie la mere eſtre imbecille & de fort courte vie, & l'enfant mauuais garçon, prodigue, inconſtant, pauure, qui mourra miſerablement, & duquel les femmes ſerõt ſuperbes, arrogantes, & terribles.

Le □ du Soleil & Venus, ſignifie ce que le quadrat de Iupiter & Venus.

Le □ du Soleil & Mercure, ce que le quadrat de Iupiter & Mercure.

Le □ du Soleil auec la Lune, augmente les dignitez & l'honneur, & donne des enuieux.

Le □ de Venus & Mercure, fait l'homme diligẽt, & induſtrieux en ſon office, & bien renõmé: mais il receura quelque infamie à cauſe des femmes.

Le □ de Venus auec la Lune, le fait aſſez riche, & heureux en ſa profeſſion

sion, eloquent, gracieux, assez heureux en femmes & enfans : mais il aura quelque perte de biens & de l'honneur à cause des femmes.

Le □ de Mercure auec la Lune, le fait sçauant, ingenieux, eloquent, inconstant de mœurs & de fortune, qui de sedition populaire sera surprins, ou sera accusé par plusieurs conspirateurs.

L'opposition de Saturne & Iupiter signifie grãds troubles, mille facheries, & tribulations, priuation d'enfans. Si Saturne est en l'ascendant, & Iupiter en la septiéme, le commencement de la vie sera auec peines, tribulations & tourments: la fin auec repos, proffit, & honneur.

La 8 de Saturne & Mars, sans aspect de Iupiter & Venus, denote grands troubles, seditions populaires, & conspirations à l'encontre dudit homme, beaucoup de maladies insupportables, ruïnes, cheutes, perils en eaux, mort violéte, ou pestiléte, & miserable pere.

La 8 de Saturne & du Soleil, sans aspect de Iupiter, fait l'homme maladif, triste, plein de soucis, plein de tribulations, auec grande perte de biens, & danger de mort violente.

La 8 de Saturne & Venus, le fait mal gracieux, desprouueu de beauté & de vertu, lubrique, infame à cause des femmes.

La 8 de Saturne & Mercure, empeschement de langue, separation de ses freres, science, taciturnité.

La 8 de Saturne & la Lune, dissipation des biens maternels, griefs accidents à la mere, troubles, & tribulations, auec grands dangers de mort violente, selon la nature du signe auquel sera la Lune.

La 8 de Iupiter & Mars, temerité, dissipation de biens, inimitiez de ceux qui estoyent amis, inconstante fortune.

La

La 8 de Iupiter & du Soleil, fait dissiper les biens paternels, & vendre ses offices, & gaster son honneur.

La 8 de Iupiter & Venus, signifie inconstantes amitiez, ingratitude de ceux à qui il aura faict du bien, autrement suffisante fortune.

La 8 de Iupiter & Mercure, seditions populaires, enuies, conspiratiós, noises, procez, inimitiez des freres, desquels il verra la mort.

La 8 de Iupiter auec la Lune, suffisante fortune apres long trauail.

La 8 de Mars & du Soleil, gaste les yeux, fait estre tué, ou tomber d'en-haut, fait dissiper les biens paternels, & bien tost mourir le pere.

La 8 de Mars & Venus, rend l'homme voluptueux, & vn peu vicieux, imbecille, inconstant, & fait mourir ses femmes & enfans : En signes tropiques fait espouser femmes de basse condition, ou aucunement diffamees.

La 8 de Mars & Mercure, sans aspect de Iupiter, rend l'homme faussaire, de mauuaise conscience, accompagné de mauuais garçons, accusé de plusieurs crimes, pour lesquels il sera fugitif ou banni, principalement si Mercure est dedans les maisons de Saturne.

La 8 de Mars & de la Lune, gaste les yeux, & le corps de coups, blesseures, & autres maladies, donne grandes aduersitez, fait haïr le mariage, & cause mort violente, & souuent publique: principalement quand la Lune croit ës angles, sans suffisãt aspect des fortunes.

La 8 du Soleil & de Venus & de Mercure, signifient ce que nous auons dit de Iupiter.

La 8 du Soleil & de la Lune, changement de fortune, de biens, & d'honneur, pauureté apres richesse, deshonneur apres honneur, imbecillité du corps apres santé, & mutation de bien à mal : auec grande inconstance de mœurs.

La 8 de Venus & Mercure, enuies, querelles & inimitiez, à cause des femmes: autremét grace, eloquence, beauté, braueté.

La 8 de Venus auec la Lune, mariage malheureux, iniures des femmes, & priuation d'enfans.

La 8 de Mercure & de la Lune, cóspirations à l'encontre de luy, enuies, trahisons, crainte, lubricité.

Semblablement faut regarder la partie de fortune, & la partie de l'ame, & de leurs aspects auec lesdits planettes faut iuger comme des aspects des planettes auec le Soleil & la Lune. Car la partie de fortune est partie de la Lune: & la partie de l'ame, est partie du Soleil. Qui voudra considerer les aspcts enuers les autres parties & maisons du ciel, il en pourra iuger comme des planettes desquels les proiections desdites parties seront faictes, &c.

Des significations des douze maisons.

CHAPITRE V.

LA premiere maison signifie la vie, nourriture, & disposition du corps, & de l'ame, & la complexion, & represente la teste, le cerueau, la face, les oreilles, & le nez, & s'appelle horoscope, angle d'Orient, & ascendant.

La seconde maison, signifie biens, traffiques, richesses, gains, compagnies pour faire proffit, gens qui aydent à gaigner: signifie aussi or argent, & tous biens meubles: & s'appelle Maison succedante à l'ascẽdant, & basse entree, & domine sur le col.

La tierce, denote les freres & sœurs, les cousins & alliez, & petits voyages, & la foy, & deuinations, & songes, & s'aps'appelle Maiſon cadante de l'aſcendant, autrement deeſſe, & a regard ſur les eſpaulles, iambes, & bras.

La quatriéme ſignifie les peres & parrains, poſſeſſiōs, heritages, maiſons, champs, prez, vignes, labourages, bois, & autres biens immeubles, threſors & biens ſous terre cachez, & choſes minerales, priſons, lieux obſcurs, & la fin de toutes choſes, & ce qui aduient apres la mort, comme ſepulture, bonne renommee, &c. Et s'appelle Angle de terre, & profond de la terre, & domine ſur la poictrine & poulmon.

La cinquiéme ſignifie enfans & filles, neueux, eſtraines, donations, plaiſirs, voluptez, ornements, braueté, danſes, ieux, banquets, legations, ambaſſades, l'or & l'argent & la richeſſe du pere, le proffit d'heritages, poſſeſſiōs, & labourages. Et s'appelle maiſon ſuccedāte à la quatriéme, & autrement bonne fortune, & regarde le cœur & l'estomach.

La sixiéme denote les seruiteurs, les maladies, & bestes inhabitables à cheuaucher, comme sont chiens, brebis, moutons, chieures, gelines, &c. & a quelque signification sur les prisons, sur les iniustices, & fausses accusations. Et se nóme Maison cadante de la quatriéme: & autrement Mauuaise fortune: & regarde le ventre, & les boyaux.

La septiéme, nopces, mariages, femmes, proces, querelles, noïses, debats, inimitiez declarees, & gens qui participent aux gains & proffits, & signifie aussi vieillesse, & lieux estranges. Et se nomme, Angle d'Occident, & domine sur les reins.

La huictiéme, tristesse, enntiis, longs tourments, la qualité de la mort, le doüaire des femmes, heritages d'autres que de ses parents, proffit de ceux qui participent au gain, biens ausquels l'on l'on n'aura grandement pensé. Et se nõme Maison succedante à l'angle occidental:& autremẽt, entree d'enhaut. Et regarde les parties de generation.

La neufiéme, longs voyages, longues peregrinations & nauigations, foy, religion, sacrifices, ceremonies, ſcience, ſageſſe, diuinations, ſonges, prodiges, interpretatiõs,& nouueaux intellects, sectes, paradoxes, signes du ciel, punitions diuines. Et ſe nomme, Maiſon cadante de l'angle occidental:& autrement, maiſon de Dieu, & regarde les cuiſſes.

La dixiéme, honneur, dignitez, offices, magiſtrats, adminiſtrations, gouuernements, dominations, conduites, bonne renommee, eſtimation, profeſſion & action,& la mere. Et ſe nomme Mylieu du ciel, Cœur du ciel, Poinct meridional, Angle meridional: & regarde les genouils.

L'onziéme, amis, cõpagnies, eſpoir,

confiance, faueur, aide, ſecours, louenge, eſtimation, renommee, conſeil des amis: & ſe nomme Maiſon ſuccedante à l'angle Meridional : autrement bon ange: & regarde les iambes.

La douziéme, inimitiez occultes, priſons, captiuitez, ſeruitudes, triſteſſes, tourments, plaintes, lamentations, regrets, haines, trahyſons, ribaudes, cheuaux, & autres grands animaux, principalement equitables. Et s'appelle maiſon cadante de l'angle Meridional: & autrement Malin eſprit : & regarde les pieds.

Des ſeigneurs des triplicitez deſdites maiſons.

CHAPITRE VI.

E premier ſeigneur de la triplicité du premier angle ſignifie la nature & vie de l'enfant

fant, & ses cogitations & volontez, ce qu'il aime & reiette, ce qui luy doit aduenir de santé ou maladie, de bon ou mauuais entretenement, de perils de de sa vie, à son premier aage.

Le second seigneur de la triplicité dudit angle, signifie la forme & vigueur du corps & le milieu de la vie.

Le tiers, represente la fin de la vie.

LE PREMIER seigneur de la triplicité de la seconde maison, signifie richesses.

Le second, la maniere d'vser desdites richesses.

Le tiers, l'intention & conscience en les acquerant.

LE PREMIER seigneur de la triplicité de la tierce maison, signifie les plus vieux & premiers freres.

Le second, les moyens.

Le tiers, les moindres & plus ieunes.

LE PREMIER, de la quatriéme, signifie les parents.

Le ſecond, les terres, poſſeſſions & maiſons.

Le tiers, empriſonnements, & fin des choſes.

LE PREMIER, de la cinquiéme, ſignifie enfans.

Le ſecód, amour, plaiſir, grace, beauté.

Le tiers, legations, ambaſſades, meſſages.

LE PREMIER de la ſixiéme, maladies & tribulations.

Le ſecond, ſeruiteurs.

Le tiers, beſtail, priſons, & le proffit des ſignifications de ladite maiſon.

LE PREMIER de la ſeptiéme, fémes.

Le ſecond, noiſes & procez.

Le tiers, participations.

LE PREMIER de la huictiéme, la mort.

Le ſecond, antiquitez.

Le tiers, heritages.

LE PREMIER de la neufiéme, peregrinations, longs voyages, nauigations.

tions.

Le ſecond, foy, religion, deuotion.

Le tiers, ſcience, diuinations, ſonges, propheties, ſorts, augures, prodiges, ſectes.

LE PREMIER de la dixiéme, la profeſſion, honneur, dignitez, auancements.

Le ſecond, audace & façon de faire en ſa profeſſion.

Le tiers, ſignifie s'il perſeuerera en telle fortune.

LE PREMIER de l'onziéme, ſignifie confiance, eſpoir.

Le ſecond, les amis.

Le tiers, le profit de l'onziéme maiſon.

LE PREMIER de la douziéme, ſignifie les ennemis.

Le ſecond, les peines & trauaux.

Le tiers, les beſtes equitables, & autres dediees à charger & labourer.

De ce que ſignifient les planettes dedans les douze maiſons. CHAP. VII.

EN la premiere maison, Saturne hors de ses prĩcipales dignitez, signifie que l'enfant sera de courte vie, & infortuné, difforme, mal gracieux, qui mourra à cause de debtes ou de terres & possessions : toutesfois il sera le premier de ses freres.

Iupiter en ladite maison, signifie longue vie, bonne fortune, beauté, honnesteté, amour de vertu, crainte de Dieu, honneur, amis, faueurs : & fait l'homme premier de ses freres.

Mars audit lieu blesse tousiours la teste, ou la face, & fait despẽdre vne partie du bien, & entremesle beaucoup de discordes & contentions. S'il est en sa maison ou exaltation il le fait puissant & vaillant homme, hardy, fortuné aux armes. Hors de ses principales dignitez, le rend mauuais, malin, iraconde, furieux, seditieux, mutin, quereleux, principalement quand les fortunes n'y

entre-

entremeslent leurs rayons.

Le Soleil y donne honneur, louange, estimation, credit, grand auancement, faueur de grands seigneurs, richesses du costé des Princes : & fait l'enfant premier né, ou plus auancé que tous ses autres freres.

Venus y donne grace, beauté, braueté, ciuilité, amitié des femmes, santé, & prosperité: & rend l'homme lubrique, ioyeux, musicien, danseur, vn peu inconstant.

Mercure, le fait ingenieux, diligent, sçauant, apprehensif, de bon iugement, de bonne memoire, bon lecteur, bon escriuãt, grand mathematicien, & versé en tout sçauoir.

La Lune, le rend inconstant, vagabond, qui entreprend diuers affaires, addonné à plusieurs voyages, homme sain, fortuné, beau, vn peu taché au visage, qui sera remuneré de grands seigneurs.

La teste du Dragon lunaire, hóneurs, dignitez, faueur de grands seigneurs, & de prelats.

La queuë du Dragon, perte de biens & d'honneur, difformité, obscurité des yeux, & grand danger de perdre la veuë.

En la seconde maison, Saturne hors de ses principales dignitez, destruit l'homme, & luy fait despendre & dissiper son biẽ, le rend pauure & despourueu de secours. En sa maison ou exaltation le fait riche, auare, & auec tout son bien miserable.

Iupiter y donne grandes richesses par honnestes moyens.

Mars, luy fait despendre son bien, & à la fin le rend pauure par diuerses façons.

Le Soleil, le fait honnorable, magnifique, liberal, braue: qui en magnificences despendra son bien.

Venus, donne ayde & secours, & grãdement

dement enrichit, principalement du costé des femmes, & des gens d'eglise.

Mercure, profit en fait de marchandise, & d'escritures, & industries mechaniques, & mille moyens pour deuenir riche.

La Lune, richesses, & auancement par ambassades, messages & legations, quand elle est fortunee. Infortunee, signifie peines & trauaux pour les biens de ce monde, sans rien auancer: & empeschements à tout ce que lon entreprend.

La teste du Dragon, richesse, grand gaing & profit, heritages, ou bien d'eglise.

La queuë du Dragon, pauureté, destruction, prodigalité, folle despense en ieux, & cheute d'enhaut sans y penser.

En la trosiéme, Saturne destruit les freres, & fait voir leur mort, entremesle noises & proces entre les freres, réd l'homme infortuné en voyages petits, hypocrite, superstitieux, timide, craintif, estonné de terribles songes.

Iupiter, signifie bonne paix & cõcorde entre les freres, non sans profit : & fait l'homme prudent, deuot, heureux en voyages prochains, & de qui les sõges seront vrays.

Mars, signifie grandes iniures, noises, & proces entre les freres, & fait tost mourir tous les freres : & rend l'homme terrible, blasphemateur, pariure, trompeur, ne craingnant Dieu, qui sera infortuné par les chemins, & souuent sera en danger de tomber entre les mains des brigands & larrons, & sera tourmenté de terribles & vains songes.

Le Soleil, honneur, dignitez, offices hors de son païs, longues peregrinations, honnorables freres, & songes veritables.

Venus, amour entre freres, heureux

voyages,

voyages, crainte de Dieu, songes veritables.

Mercure, profit en traffiques, voyages, foires, marchez, & donne grand sçauoir, & bon heur en tous faicts concernans les biens de gents d'eglise : au signe de Gemini ou de Libra, fait l'homme bon musicien, sonneur d'instruments de musique, principalement en cõionction ou bon aspect de Venus.

La Lune, le fait addonné à souuent aller ça & là, à peregriner, tellement qu'il ne s'arrestera gueres en vn lieu toutesfois il sera en ces actes prisé & honnoré, & rencontrera bonne fortune, bons amis, & grands seigneurs qui l'employeront à legations, ambassades & autres voyages, & il sera aimé & prisé de ses freres.

La teste du Dragon, signifie que ses freres seront de plus grand estat & de plus grande authorité que luy. Toutesfois elle donne quelques biens ecclesiastiques.

La queuë du Dragon, destruit les freres, & les fait tous mourir bien tost.

En la quatriéme, Saturne hors de ses principales dignitez, fait dissiper le patrimoine, rend l'homme pauure, & infortuné en biens immeubles, en maisons, terres & possessions, en semences & cultures. Et signifie que la mere sera d'infime condition, & ne viura gueres. S'il est dedans sa maison ou exaltation, il donne heritages, maisons, terres, possessions, & signifie la mere estre honnorable, & d'assez longue vie.

Iupiter le rend fort heureux en biens immeubles, luy donne beaucoup d'heritages, & aucunefois fait rencontrer thresors, & biens ausquels il n'aura iamais grandement pensé, & signifie le pere estre de longue vie, & heureux: & que l'enfant sera estimé apres sa mort, & sera honnorablement mis en sepulture.

Mars,

Mars, perte de biens par feu, vente de maisons, terres & possessions, destruction darbres, dissipation d'heritages, mauuaise fin, playes, effusion de sang, mauuais renom apres sa mort, & courte vie au pere.

Le Soleil, belles possessions, seigneuries, dominations, heritages, belles maisons, louange, honneur, bonne fortune sur ses vieux ans, & bonne renōmee apres la mort, & honnorable sepulture. Et naturellement le rend apte à deuiner, & preuoir les choses futures.

Venus signifie ce que Iupiter.

Mercure fortuné, rend l'homme industrieux, prouidēt, preuoyant les choses à venir, acheteur de rentes, de maisons, terre & possessions, planteur d'arbres, curieux des rustiques affaires, enclin à assembler or & argent: S'il est infortuné, le rend quereleux, noisif, haï de ses voisins, tousiours fasché, plein de despit, & peu estimé.

La Lune, signifie ce que auons dit de Mercure, excepté qu'elle incite plus à moulins, estangs, & semblables acquisitions: & rend l'homme au commencemẽt infortuné, & sur la fin heureux principalement quand la natiuité est, diurne.

La teste du Dragon en signes aërez & ignees, signifie ce que Iupiter: en terrestres & aquees, ce que la queuë.

La queuë, fait bien tost mourir le pere, & dissiper les heritages & biens immeubles.

En la cinquiéme Saturne signifie tristesse, rusticité, inciuilité, mauuaise grace, mal entretiẽ, priuation ou mort des enfans, & naturellement fait aller mal propre & mal vestu.

Iupiter y donne grace, honnesteté, prudẽce, ciuilité, braueté, richesse, profit de legations & ambassades, abondance d'enfans beaux, bien morigerez, bien instruits & aimez: bonne fortune

du

du costé de gents d'eglise, donations: & fait porter anneaux, pierreries, doreures, & bonnes odeurs.

Mars y destruit & fait mourir les enfans, ou totalement le priue d'enfans, & rend l'homme malheureux en toutes significations de la cinquiéme maison, quand il est hors de ses principales dignitez. Dedans sa maison ou exaltation, le rend fort lubrique, impudent, temeraire, effronté, abondant en bastards & mauuais enfans.

Le Soleil, beaux enfans, compagnies honnorables, bonne renommee, legations, dons de grands seigneurs, & incite à porter anneaux, doreures, pierreries & odeurs.

Venus, fait l'homme plaisant, delectable, ioyeux, dãseur, sauteur, ioueur, riant, braue, magnifique, musicien, heureux en enfans, lubrique, & vn peu ialoux.

Mercure le fait iaseur, moqueur, braue, bien eſcriuant, bon peintre, induſtrieux de ſes mains, ingenieux, muſicien, voluptueux, ne ſe ſouciant gueres des affaires & tribulatiõs, & aſſez heureux en enfans, addonné à ambaſſades, voyages & legations.

La Lune le fait ſindic, conſul, aſſeſſeur, legat, ambaſſade eſleu par le peuple, & du peuple richement remuneré, addonné à banquets, & heureux en enfans.

La teſte du Dragon, ce que Iupiter.

La queuë, ce que Mars & Saturne ſignifient des enfans.

En la ſixiéme, Saturne, douleur de ventre & de dents, pluſieurs maladies, mauuais ſeruiteurs, & malheur en brebis, moutons, & ſemblable beſtail.

Iupiter, bons ſeruiteurs, ſanté du corps, bonne fortune en nourriture de beſtail.

Mars dedans ſa maiſon ou exaltatiõ, bons ſeruiteurs de guerre, profeſſion

de

de medecine. Hors desdits lieux, maladies chaudes, pestilences, epidimies, mauuais seruiteurs, rebelles & larrons.

Le Soleil, maladies du cœur imbecillité du corps, fascheries pour les seruiteurs.

Venus, imbecillité de reins & des parties de generation: autrement santé du corps, bons & fideles seruiteurs, bonne fortune en nourriture de bestail, & cõmunement fait aymer impudiquement les chambrieres: & és natiuitez des femmes, fait aymer les seruiteurs: & signifie perils de mort aux enfantements.

Mercure signifie qu'il deceura les fẽmes, & sera deceu d'elles, & de ses seruiteurs: & le rend trompeur, dissimulateur, detracteur, de mauuaise memoire. S'il est auec Saturne ou Mars, il menasse de mort par venim, ou de conspiration des seruiteurs, ou en prison.

La Lune denote imbecillité des yeux

& du cerueau, grandes & frequentes maladies; noises contre les parents; inimitiez de femmes, compagnies de gẽts d'infime condition, quand elle est infortunee: fortunee donne santé, & profit de nourriture de bestail, & bons seruiteurs.

La teste du Dragon, preserue de maladies, donne bons seruiteurs, & bonne fortune en bestail.

La queuë, maladies, infideles seruiteurs, perte de bestail.

En la septiéme, Saturne hors de ses principales dignitez, signifie qu'il espousera vne mauuaise femme, ou tachee de quelque infamie, propre, ou de ses parents: ruine des ennemis, & peril de mauuaise mort. En signe aquee, denóte hemorroïdes, fistules, contraction de nerfs, & maladies au dos. En sa maison ou exaltation, signifie la femme estre riche, & les ennemis puissans.

Iupiter,

Iupiter, heureux mariage, la femme honneste, pudique, vertueuse, belle, riche: victoire cõtre ses ennemis, & fortunee vieillesse.

Mars en sa maison ou exaltation, ou hors de ses dignitez, tousiours signifie puissans & terribles aduersaires, femmes brutales, ou maris brutaux és natiuitez des femmes : impudence de l'homme, temerité, lubricité, dangers d'estre tué, & d'auoir couppé les pieds & les mains.

Le Soleil, puissans ennemis, riche fẽme & bien apparentee, honnorable vieillesse.

Venus, hõneste mariage, femme vertueuse & profitable au mary, heureuse vieillesse.

Mercure, lubricité; noises & debats entre le mari & la femme, fascheries à cause de ses impudiques desirs, astuce, science de nombres, amour de vertu. S'il est auec Saturne ou Mars, il tuera sa femme, & ſera tué, ou mis en priſon, & mis en exil, ou condamné à mort par ſentence de iuge.

La Lune, profit des femmes, mille noiſes & proces, deſir de changer de païs. Si elle eſt fortunee, ſignifie tout bien en toutes ſignifications de ladite maiſon: infortunee denote le contraire.

La teſte du Dragon, ce que Iupiter.

La queuë, fait toſt mourir la femme, & deſtruire les ennemis.

En la huictiéme, Saturne hors de ſes principales dignitez, ſignifie mort eſtrange, regrets, plaintes, lamentatiõs, longs tourments, triſteſſes, angoiſſes, pauureté. En ſa maiſon ou exaltation, heritages, biens auſquels il n'aura grãdement penſé, mort par flux de ventre, ou par peſte, ou de quelque maladie froide & longue.

Iupiter, longue vie, c'eſt à ſçauoir iuſques à ſoixãte & douze ans, heritages,

bien

bien des femmes, bonne mort.

Mars hors de ſes principales dignitez, ſignifie mort haſtiue, peſtilence, epidimie, occiſion, & autres façons de mort violente. S'il eſt auec la teſte du Dragon, il ſera pendu. S'il eſt en ſa maiſon ou exaltation, il donne des biens, non ſans grandes noiſes, & terribles proces.

Le Soleil le fait mourir incontinent apres eſtre mis en honneur, ſignifie courte vie au pere, heritages à l'enfant, perte de biens par violence de grands ſeigneurs, bonne mort: excepté quand il eſt opprimé des infortunes. Car alors en ſigne aëré fait pendre & eſtrangler: en ignee, bruſler, ou tuer: en terreſtre, fait mourir de cheute, ou ruyne: en aquee, noyer: excepté au ſigne du Scorpion, là où ſouuent fait mourir de peſte, ou de venim, ou de morſure de chiẽs enragez, & de beſtes venimeuſes.

Venus, bonne mort, heritages, richesses, longue vie, courte vie de la mere & des nourrices, & femmes plus anciennes que luy.

Mercure, inimitiez des voisins, vaine esperance d'heritages, & mort de trop profondement penser aux affaires.

La Lune, heritages, richesses du costé des femmes, & longue vie. Si elle est infortunee, signifie courte vie, prisons, calomnies & faux tesmoignages contre luy, noises, procez, querelles, & vexation d'esprit, comme s'ils estoyent lunatiques & transportez.

La teste du Dragon heritages, richesses, honneurs, liberalité, prodigualité, bonne mort.

La queuë, horrible mort, petit doüaire, & nul bien appartenant à la signification de ceste maison.

En la neufiéme, Saturne, songes terribles, horribles visions, hypocrisie, superstitiõ, ceremonies, prestres, moines, & religieux: & mille ennuis par les

les chemins, mille troubles & empeschements, perturbation d'esprit.

Iupiter donne foy, constance en sa religion, profitables voyages, amour de vertu, crainte & amour de Dieu, & congnoissance de mysteres diuins, interpretations de songes, reuelations, & profit en l'estat ecclesiastique.

Mars, hors de ses principales dignitez, dangers par les chemins, infidelité, impugnation de la foy, terribles opinions, & plus que heretiques, temerité, violence, impudence, horribles songes & faux, dexterité aux armes, & vaillantise quand il est autrement fortuné. En sa maison ou exaltation fait l'homme fort terrible, necromancien, assez heureux en voyages & peregrinations, hazardeux, hardi, & de grand courage.

Le Soleil, benefices, abbaïes, eueschez, dignitez ecclesiastiques, Cardinaux, Papes, Legats, principalemét en ſigne maſculin : bonne foy, conſtante religion, reuerence de choſes ſacrees, amour de Dieu & de vertu, ſonges veritables, proffitables voyages, honneur en ſa profeſſion.

Venus, ſonges veritables, excepté en imaginations de femmes, dignitez eccleſiaſtiques, conſtante religion, amour & reuerence de Dieu, longues peregrinations par tout le mõde, proffitables voyages, honneur en ſa profeſſion: & oſte tout deſir de ſe marier.

Mercure, biens eccleſiaſtiques, haute congnoiſſance des myſteres diuins, admiration de la iuſtice & prouidence de Dieu, cogitations de Dieu, des anges, & des eſprits : proffitables voyages, grande ſcience en Theologie, Aſtrologie, & toute autre philoſophie, interpretations de ſonges, oracles, & prodiges, proffit de trafſiquer en loingtain pays, bonne renommee.

La Lune, longues peregrinatons, peruerſes

uerſes cogitations , inconſtance de mœurs & de fortune , ſonges veritables, congnoiſſance des aſtres, quand la neufiéme eſt maiſon de Mercure : ou d'autres choſes correſpondantes à la nature du ſeigneur de la neufiéme.

La teſte du Dragon, ſonges vatidiques, honneur & profit de faire voyages, biens eccleſiaſtiques.

La queuë, faute de foy, ſonges terribles, voyages perilleux, & pleins de facheries, peu d'hõneur en ſa profeſſion.

En la dixiéme, Saturne hors de ſes principales dignitez, ſignifie courte vie de la mere, beaucoup d'infortunes, regrets, plaintes, empriſonnements. Si la dixiéme eſt du Lyon, & aucun des luminaires eſt auec Saturne, il mourra en priſon. Si Saturne eſt auec Iupiter és maiſons de Iupiter, il ſera condamné à tort. S'il eſt auec Mars dedans les maiſons de Mars, il ſera condamné ſelon le merite de ſon crime. S'il eſt auec

Mercure, il prendra mort fort honteuſe par faux teſmoins. S'il eſt auec Venus & Mars, il ſera foüetté, & gehenné, & condamné à mort. Saturne en ſa maiſon ou exaltation en la dixiéme maiſon, promets dignitez, preeminences, dominations.

Iupiter ſignifie grand honneur de ſa profeſſion, dignitez eccleſiaſtiques, & bonne renommee.

Mars, hors de ſes principales dignitez fait l'homme terrible, cruel, ſeditieux, quereleux, arrogant, diſſipateur de ſes biens, vſurpateur des biens d'autruy, haï de ſon pere & de ſa mere, & de ſes freres, & autres parens, qui ſouuët ſera mis en priſon, & receura quelque punition de iuſtice. En ſa maiſon ou exaltation le fait vaillant, hazardeux, hardi, & heureux en faicts d'armes. Dedans les maiſons de Iupiter, bien diſpoſé, & regardé des fortunes, le fait preſident, cõſeiller, iuge ſouuerain.

Le

Le Soleil, donne grand honneur, offices, dignitez, preeminences, dominations, gouuernement, grand credit, fa-ueur de plusieurs grãds seigneurs, estimation du populaire, honneur en sa profession, auec richesses, & grands biens, principalement s'il est en signes ignees. Et si l'enfant est pauure & de basse condition, il l'esleue en grand honneur & dignitez.

Venus, honneur en sa profession, biens des princes & grands seigneurs, grand credit, longue vie à la mere, auec prosperité & honneur.

Mercure le fait chancellier, secretaire, conseiller, president, mis en grande dignité, sçauant en arithmetique, geometrie, & astrologie, bien renommé, riche, & abondant en biens. S'il est infortuné par Mars, il viendra à mauuaise fin, pour auoir trop entreprins: ou pour auoir prins querelles contre plus grands que luy.

La Lune ſignifie qu'il ſera priſé & honnoré de grands ſeigneurs, & ſera heureux en ſes entreprinſes, & eſtimé de tout le monde.

La teſte du Dragon, ce que Iupiter.

La queuë, fait receuoir quelque deshonneur, & perdre ſon eſtat, & tomber d'enhaut : & denote courte vie à la mere.

En l'onziéme, Saturne hors de ſes principales dignitez, ſignifie accointance & compagnie de gens viles, infames, & de baſſe condition : facheries & triſteſſes à cauſe des amis, vain eſpoir de paruenir à ce que l'on entreprend, difficulté en tous affaires, perte d'amis. S'il eſt en ſa maiſon ou exaltation, il donne amitié de gens ſaturnins, comme ſont grands ſeigneurs anciens.

Iupiter le fait heureux en tout ce qu'il entreprend, donne faueur de grand ſeigneurs, grand credit, abondance d'amis, grand auancement par le

moyen

moyen des amis, grands biens, richesſes, & beaux enfans, deſquels le premier ſera maſle.

Mars en ſa maiſon ou exaltation, le fait ami de gens de guerre, & fortuné en faicts d'armes: hors deſdits lieux, ſignifie deſeſpoir, malheureuſes entreprinſes, perte d'amis, & inimitiez auec les amis, & qu'il ſera peu loyal à ſes ſeigneurs & amis, dont luy en prouiendra grand dommage.

Le Soleil, heureuſes entreprinſes, biens & honneur & dignité par les moyens des amis, qui ſeront gens d'authorité & grands ſeigneurs.

Venus, donne bons amis, qui ſeront gens honnorables & d'authorité, & de bon vouloir, ſignifie bonne fortune, heureuſes entreprinſes, & beaucoup d'enfans.

Mercure, congnoiſſance & compagnie & amitié de gens de ſçauoir & de vertu, bonne renommee entre amis, heureuses entreprinses.

La Lune, donne biens, richesses, honneur, bonne renommee, bons amis qui seront grands seigneurs, & heureuses entreprinses.

La teste du Dragon, ce que Iupiter.

La queuë, ce que Saturne & Mars.

En la douziéme, Saturne hors de ses principales dignitez le fait malheureux en cheuaux & autres grands animaux, desquels il tombera ou receura quelque dõmage: & signifie crainte de iustice, emprisonnements, ou exil. En sa maison ou exaltation, victoire contre les ennemis, bonne fortune en cheuaux, & animaux dediez à charges & labourages.

Iupiter hors de ses principales dignitez, puissans ennemis, aduersaires gens d'authorité, prisons, exil, condemnation, pauureté. Bien dignifié, signifie le contraire.

Mars, cheute des cheuaux, blessure

ou autre grand dommage par bestes à quatre pieds, abondance d'ennemis, prisons, calomnies, & mille persecutions : & grands maux aux iambes & pieds.

Le Soleil, bonne fortune en cheuaux & semblables grands animaux : mais persecution des ennemis qui seront grands seigneurs & fort puissans : confiscation ou perte des biens, prisons, exil, calomnies faux tesmoins, faux rapports, amende honnorable, priuation de son estat, peruers & traitres domestiques & seruiteurs.

Venus, donne bon heur en cheuaux, noises & inimitiez pour femmes, mespris de son mariage, facheries & mauuais renom à cause des femmes, principalement de celles qui sont d'infime condition, impudique amour enuers femmes infames, pour lesquelles il entrera en prison, & souffrira quelque deshõneur. Si elle est au signe de virgo, ou de Capricorne, ou d'Aquarius, iointe au Soleil, à Saturne, ou à Mars, signifie qu'il sera en grand peril de mort pour aymer.

Mercure donne grand sçauoir, principalement en sciences qui ne luy porteront aucun profit, fait l'homme philosophe, mathematicien, & versé en tout sçauoir, vn peu folastre, & leger de son esprit, ayant plusieurs ennemis, addonné à ses voluptez, mal fortuné, & haï de gens de sçauoir, qui sera calomnié & mis en prison. Si Mercure est bien disposé, il donne bonne fortune en cheuaux & autres grands animaux.

La Lune, donne beaucoup d'ennemis, qui de iour en iour croistront en nombre. Si elle est infortunee, signifie emprisonnements, & exil. Si elle est bruslee, ou iointe à Saturne, ou à Mars, il faut iuger que l'enfant sera totalement miserable, de courte vie, qui receura plusieurs maux des bestes equitables

tables, & mourra de peste, ou sera tué, ou noyé. Si elle est fortunee, il eschappera de tous lesdits malheurs.

La teste du Dragon, ce que Iupiter.

La queuë, dommage par bestes equitables, & destruction & ruyne des ennemis.

Et generalement quand vn planette est bien dignifié, ou autrement bien disposé, & regardé des fortunes dedans lesdites maisons, il signifie bon heur en toutes significations desdites maisons: quand il est infortuné, il rend malheureuses lesdites significations.

Des significations des seigneurs des maisons par tous lieux de la figure.

CHAPITRE. VIII.

LE seigneur de la premiere maison dedans la premiere fortune, signifie longue vie, santé de corps, biens & richesses par ſes propres moyens, honneur de ſes parens. En la ſeconde, richeſſes. En la troiſiéme, voyages frequents, & concorde auec ſes freres. En la quatriéme, heritages, edifices, biens immeubles: & denote qu'il ſera grand edificateur, grand planteur de vignes & d'arbres, & ſe voudra meſler des mines d'or & d'argent & d'autres choſes ſelon la nature dudit planette. En la cinquiéme, donne beaucoup d'enfans, leſquels il aymera grandement, & ſera addonné à banquets, ieux, danſes, braueté, & à toutes voluptez & plaiſirs, & aura beaucoup d'amis qui l'enrichiront. En la ſixiéme, marchand de menu beſtail, abondant en ſeruiteurs, leſquels il enſeignera, & rendra diligents: toutesfois il ſera aſſez maladif. En la ſeptiéme, quereleux, noiſif, addonné à procez, ayant cure des affaires de mariage, fortuné en tous ces actes. En la huictiéme, triſte, craintif, de courte vie En la neufiéme siéme, interpreteur de sóges, d'oracles, prodiges, & visions, addóné à congnoistre les mistères diuins, & à peregriner & habiter en païs estrâges. En la dixiéme, biens, richesses, dignitez, & hóneur du costé des Princes & grâds seigneurs, bonne fortune en sa professió. En l'onziéme, heureuses entreprinse, bős amis, cőpagnies honorables, prosperité, peu d'enfans. En la douziéme, mauuaises mœurs, peruerse nature, grâdes inimitiez, bőne fortune en bestes equitables. S'il est infortuné en la premiere, l'enfant ne viura gueres. Si en la seconde, il sera destruit & pauure. Si en la tierce, il receura grands maux par ses freres. Si en la 4. il sera malheureux en terres, heritages, labourages & possessions, & mourra en prison. En la 5. denote tristesses & tribulatiős à cause des enfans & des legations & donations : & souuent fait mourir de trop boire, ou mâger, ou de trop prendre ses plaisirs.

En la ſixiéme, ſignifie grandes maladies, & piteuſe mort. En la ſeptiéme, mort à cauſe de ſa femme par venim, s'il eſt au ſigne du Scorpion : par feu, s'il eſt en ſigne ignee : par cheute d'en-haut, s'il eſt en terreſtre. En la huictiéme, courte vie, & danger de mort à la mere à l'enfantement. En la neufiéme, peril d'eſtre tué des brigands par les chemins. En la dixiéme, priſons, gehennes, condemnation, & mort à cauſe des Princes. En l'onziéme, mille facheries & ennuis, pour les amis. En la douziéme, mort en priſon.

Le ſeigneur de la ſeconde dedans la premiere maiſon, ſignifie qu'il gaignera beaucoup, & deuiendra fort riche. En la ſeconde, qu'il aura des biens, & ſera fort riche & auare. En la troiſiéme, perte à cauſe des freres, & profit en petits voyages. En la quatriéme, biens immeubles, heritages, augmentation du patrimoine. Et en la cinquieſme,

profit

profit de toutes choſes de plaiſirs & de magnificence, enfans qui paruiendrõt en honneur, & ſeront riches, donatiõs. En la ſixiéme, profit du coſté des ſeruiteurs, & de nourriture de beſtail. En la ſeptiéme, biens des femmes, & de proces. En la huictiéme, grand douaire, quelques heritages: car autrement il diſſipera ſon bien. En la neufiéme, biẽs d'egliſe, fortune en longues peregrinations. En la dixiéme, profit de ſa profeſſion, biens du coſté de grands ſeigneurs, & d'offices & dignitez. En l'onziéme, biens, richeſſes & honneur par le moyen des amis. En la douziéme, profit en cheuaux & autres grãdes beſtes: autrement perte, & iniuſtes moyẽs de gaigner.

Le ſeigneur de la tierce maiſon en la premiere, ſignifie qu'il ſera plus riche & plus priſé que ſes freres, & qu'il fera pluſieurs voyages ça & là. En la seconde, qu'il aura proces contre ſes freres à cause des biens. En la tierce, qu'il ira souuent ça & là pour prendre ses plaisirs, & que ses freres s'entretiendront auec luy. En la quatriéme, qu'il ira souuent visiter ses terres & possessions, & ses freres le laisseront, & luy retiendrõt vne partie de ses droits. En la cinquiéme, que ses freres seront braues, plaisans, gracieux, & addonnez à voluptez, & s'accorderont auec ses enfans. En la sixiéme, qu'il aura propos d'iniures auec ses freres, & que ses freres ne luy quitteront vne parole. En la septiéme, proces contre ses freres, voyage pour se marier. En la huictiéme, courte vie aux freres, fuite à cause de peste, ou pour meurtre. En la neufiéme, peregrinations des freres, & voyages pour gaigner les pardons. En la dixiéme, voyages à cause de sa profession, & pour dignitez, & mort des freres. En l'onziéme, bõne amitié entre les freres, voyages pour rencontrer quelque fortune.

En la

En la douziéme, inimitiez des freres, voyages à cause de ses ennemis.

Le seigneur de la quatriéme en la premiere maison, signifie qu'il sera pl⁹ hõme de bien & d'honneur & plus riche que autre de sa race: & quil sera magnifique en edifices & possessions, & bastira maisons, plantera vignes & arbres, & fera diligemmẽt cultiuer ses terres. En la seconde bon traffiqueur en matiere de bleds, vins, huiles, & fruicts de terre, cher vẽdeur, achettant à bõ marché, achetteur & vendeur de terres & maisons. En la tierce, qu'il aura les biẽs & heritages de ses freres. En la quatriéme, qu'il sera grandement fortuné en biens de terre, en maisons, & labourages: & rencontrera quelque thresor. En la cinquiéme, richesses du pere, enfans en heritages heureux. En la sixiéme, signifie que le pere ne sera de grande estimation: excepté en medecine, chirurgie, & gouuernements de malades,

& nourriture de bestail. En la septiéme, heritages du costé des femmes, inimitiez entre le pere & l'enfant, mesnagerie de la femme. En la huictiéme, q̃ son pere sera de courte vie, heritages, mort hors du païs. En la neufiéme, terres & possessions iointes à biens d'eglise ou subiectes à gents d'eglise, & que le pere est estranger. En la dixiéme, que le pere sera cognu de grands seigneurs, dont en viendra grand profit à l'enfant ou qu'il aura seigneuries, terres, & possessions, par le moyen de grands seigneurs. En l'onziéme, courte vie au pere, heritages par le moyen des amis. En la douziéme, que le pere est estranger & de basse condition, & haïra son fils, & qu'il aura quelques biẽs immeubles de ses ennemis, non sans long proces, & grande difficulté.

Le seigneur de la cinquiéme en la premiere, signifie festins, bãquets, danses, voluptez, & beaux enfans. En la seconde, de, riches enfans, & ioye d'auoir gaigné. En la tierce, voyages pour prendre ses plaisirs. En la quatriéme, biens de ses parrains & ayeuls. En la cinquiéme festins, banquets, braueté, ieux, danses, plaisirs, & beaux enfrns. En la sixiéme, tesmoigne qu'il sera pacifique, & ne sera grandement addonné à ses plaisirs, fors qu'entre ses seruiteurs, & en nourriture de bestail. En la septiéme, que les enfans hayrót le pere, & y aura proces entr'eux, toutesfois il sera content de sa femme, & se resiouïra auec elle. En la huictiéme, ioye d'auoir eu quelque nouueau heritage, & courte vie aux enfans. En la neufiéme, ioye en peregrinations, vœux, saincteté, region, & bons enfans, qui craindront & aymeront Dieu. En la dixiéme, plaisirs en honneur. En l'onziéme, plaisir entre ses amis, & plusieurs enfans. En la douziéme, courte vie aux enfans, inimitiez entre le pere & les enfans, plaisir en cheuaux.

Le ſeigñr de la ſixiéme en la premiere, ſignifie beaucoup de maladies de la nature dudit ſeigneur, & que ſes seruiteurs & ſon beſtail mourront bien toſt. En la ſeconde, qu'il ſera riche de nourriture de beſtail. En la tierce, maladies en allãt ça & là hors de ſa ville, & paures freres. En la quatriéme, que ſon pere ſera de fort baſſe condition. En la cinquiéme, maladies de trop prendre ſes plaiſirs, enfans qui ſeront de plus baſſe condition que le pere. En la ſixiéme, ſanté, ſi le ſeigneur de l'aſcendant ne le regarde : autrement maladies de prẽdre trop grande peine. En la ſeptiéme, maladies à cauſe des femmes, des noiſes & proces, & noiſes entre ſes seruiteurs & luy. En la huictiéme, mort à cauſe des ſeruiteurs. En la neufiéme, maladies hors du pays, ou à cauſe des chemins. En la dixiéme, maladies de trop trauailler en ſa profeſſion, & de

trop

trop penser à l'honneur. En l'onziéme, accointance de gens incongnus, & maladie à cause des amis. En la douziéme, maladies à cause des ennemis, & de prisons, & inimitiez de ses propres seruiteurs.

Le seigneur de la septiéme en la premiere, signifie gaings par traffiques, pacts, & accords, par exercice de medecine, par astrologie, & qu'il sera bié aimé de sa femme, & aura des biens d'elle, mais il sera quereleux & aura proces. En la secõde, courte vie de sa féme, proces pour les biens d'elle, & richesse d'elle. En la tierce, noises & proces cõtre ses freres, & que les freres aymerõt sa femme impudiquement. En la quatriéme, heritages du costé des femmes, proces contre ses parents. En la cinquiéme, ieune femme, honneste & vertueuse, qui se fera aymer de son mari, & proces cõtre ses enfans. En la sixiéme, proces à cause de son bestail ou des seruiteurs, mariage auec quelque femme vefue, ou de basse condition ou notee de quelque infamie propre ou de ses parents. En la septiéme, proces à cause des femmes, noises domestiques, profit des femmes, & de pactiser, & communiquer ses biens. En la huictiéme, proces pour heritages, grands biens des fẽmes. En la neufiéme, proces & accusatiõs en matiere de la foy; mariage auec femme estrãgere. En la dixiéme, proces pour offices & pour l'hõneur, femme honnorable, & dignité du costé des parẽts de sa femme. En l'onziéme, proces contre les amis, ou à cause deux, & sera marié par ses amis. En la douziéme, proces contre ses ennemis, mariage auec femmes de basse cõdition, qui ne l'aymeront gueres.

Le seigneur de la huictiéme, en la premiere, signifie qu'il sera iraconde, triste, fasché de ce qu'il ne peut paruenir au but de ses entreprinses, & ne sera de ra de longue vie. En la ſeconde, quelques heritages. En la troiſiéme, mort des freres. En la quatriéme, qu'il mourra en ſa maiſon, & verra la mort de ſes parents, & aura des heritages. En la cinquiéme, qu'il verra la mort de ſes enfans. En la ſixiéme, que ſa famille mourra auant luy, & ne ſera heureux en beſtail. En la ſeptiéme, qu'il verra la mort de ſa femme, & aura des heritages du coſté d'elle, tellement qu'il en deuiendra fort riche. En la huictiéme, qu'il penſera ſouuent à mourir, & ſera ſain de ſon corps, & ſouuent faſché de ſon eſprit, & aura ſuffiſant douaire de ſa femme, & heritages & autres biens. En la neufiéme, qu'il ſera de mauuais courage, & mourra hors de ſon pays. En la dixiéme, honnorable mort : ou autrement par le moyen de grands ſeigneurs & de iuges: ou à cauſe de ſõ hõneur. En l'onziéme, mort entre ſes amis. En la douziéme, mort entre ſes ennemis, ou à cause d'eux.

Le seigneur de la neufiéme, en la premiere, signifie qu'il sera prudent, religieux, vertueux, theologien, amateur, de gens d'eglise, & fera plusieurs voyages. En la seconde, qu'il fera quelques voyages desquels il deuiendra riche. En la tierce, qu'il espousera sa femme hors de son païs, ou la prendra estrangere, & fera quelques voyages à cause de ses freres. En la quatriéme, qu'il mourra hors de son païs, & peregrinera à cause de ses parents. En la cinquiéme, qu'il aura des enfans hors de son pays, & fera quelques voyages pour ses enfans. En la sixiéme, qu'il espousera quelque chambriere, ou autre femme de basse condition, & sera malade hors de son pays, & pour ses seruiteurs & sõ bestail fera quelques voyages. En la septiéme, voyages à cause des proces, des femmes, & de leurs biens: & signifie la femme estre deuotieuse, moderee, &

ree, & de bonnes mœurs. En la huictiéme, grand desir d'assembler or & argẽt, voyages pour les biens de la femme. En la neufiéme, bon entendement, amour de vertu, crainte de Dieu, congnoissãce des mysteres diuins, oracles, prodiges, songes veritables, voyages pour deuotion. En la dixiéme, voyages pour sa profession & pour l'honneur. En l'onziéme, bons amis hors de son pays. En la douziéme, mauuais courage, inimitiez hors du pays, voyages à cause des ennemis.

Le seigneur de la dixiéme en la premiere, signifie que par son industrie il paruiendra à grand honneur, & aura offices, dignitez, gouuernements. En la seconde, honneur pour ses richesses. En la troisiéme, honneur par le moyen des freres, ou d'auoir fait quelques voyages. En la quatriéme, biens immeubles, magnifiques maisons. En la cinquiéme, honneur à cause de ses enfans. En la sixiéme, peu d'honneur, excepté de ses domestiques & seruiteurs, ou en gouuernements de malades. En la septiéme, honnorable mariage. En la huictiéme, biens des femmes, heritages, & peril de mort à la mere à l'heure de l'enfantement. En la neufiéme, dignitez ecclesiastiques, hõneur en païs estranges, & estimation à cause de ses voyages. En la dixiéme, dignitez, offices, & grand hõneur par son moyen, & faueur des Princes. En l'onzieme, prosperité, honneur, & faueur des amis. En la douziéme, honneur de ses ennemis, & estimation de gẽts d'infime condition.

Le seigneur de l'onziéme, en la premiere, signifie bonne fortune, heureuses entreprinses, bons amis, & beaucoup d'enfans. En la seconde, biens & richesses par le moyen de ses amis. En la troisiéme, amitié des freres, voyages pour les amis. En la quatriéme, bon heur en biens immeubles. En la cinquiéme, abondãce d'enfans, banquets, ioye, liesse & bonne fortune. En la sixiéme, fortune en sa mesnagerie. En la septiéme, mariage riche & fortuné, bõnes alliances, noises & proces contre ses amis: & tesmoigne qu'en sa ieunesse il sera pauure, & en sa vieillesse riche. En la huictiéme, heritages, mort des amis. En la neufiéme, profitables voyages, amis hors du pays, & bonne fortune en lieux estranges. En la dixiéme, biens & honneur du costé de gents d'authorité, dignitez en ieunesse. En l'onziéme, abondance d'amis & d'enfans, grands biens & honneur, faueur de gens d'authorité, bonne renommee & prosperité. En la douziéme peu d'amis, peu de biens, & inimitiez auec ses amis.

Le seigneur de la douziéme en la premiere, signifie pauureté au commencemẽt, tristesse, long trauail, inimitiez,

& grandes conſpirations de ſes ennemis à l'encontre de luy. En la ſeconde, mauuaiſes mœurs, inimitiez à cauſe des biẽs. En la troiſiéme, inimitiez des freres. En la quatriéme, noiſes & proces à cauſe des heritages, & biens immeubles, & diſcordance auec ſon pere. En la cinquiéme, enfans rebelles au pere, & inimitiez entr'eux. En la ſixiéme, noiſes & courroux contre les domeſtiques. En la ſeptiéme, teſmoigne qu'il prendra femmes de baſſe condition qui ne l'aymeront gueres, & aura grandes peines & trauaux à cauſe d'elles, ſera en grande triſteſſe pour elle, & ſes alliez conſpireront contre luy, & ſes ennemis luy emporteront vne partie de ſes biens, & ſera pauure & miſerable à la fin de ſes iours. En la huictiéme, haines, & trahiſons à cauſe des heritages, & biens des femmes, mort des ennemis. En la neufiéme, inimitiez de gẽs d'egliſe, facheries par les chemins.

En la

En la dixiéme, inimitiez de grãds seigneurs, persecutions à cause de sa profeßion & de ses offices & honneur. En l'onziéme, signifie que ses amis se rendront ennemis, & aura grandes facheries pour ses amis. En la douziéme, qu'il aura plusieurs enuieux & ennemis, qui machineront beaucoup de maux à l'encontre de luy.

Semblablement faut iuger des parties par toutes les douze maisons. Cõme la partie de fortune en la premiere, signifie qu'il sera riche & fortuné par son industrie: en la secõde, qu'il deuiẽdra riche en tout ce qui est signifié par la seconde maison, &c.

Ce sont les fondements & racines des iugemẽts Astronomiques, desquels ne se faut destourner, sinon entant que sont mitiguees, prohibees, ou augmentees par les concurrences & aspects des planettes, & conionctions des estoilles fixes.

IVGEMENTS ASTRONOMIQVES SVR LES natiuitez,

***

Contenans les directions & reuolutions.

LIVRE TROISIEME.

***

Des Directions.

CHAPITRE. I.

L'Art des Directions est si diligemment traictee par Iean de Regiomonte, qu'il n'y a plus lieu d'en faire autre propos, excepté que auec l'aide de Dieu, nous auons proposé de traduire en François ses problemes & documẽs appartenans à ladite matiere. Tandis

nous

nous toucherons icy les principaux poincts. Diriger (i'euseray de ce terme comme plus vsité, & de longue main receu, combien qu'il semble estre vn peu mal propre) n'est autre chose qu'atendre le rencontre d'vn lieu du ciel à vn autre consequemment ensuyuant, selon l'ordre naturel des signes, & ce, par le mouuement du premier mobile. Le lieu premier est nommé le significateur, le second le Prometteur: comme si l'ascendant estoit le vingtiéme degré de Sagittarius, & Saturne fust au dixiéme de Capricornus, l'on pourroit diriger l'ascendant à Saturne: & l'ascendant seroit significateur de vie, & Saturne prometeur de mort ou de maladie, & alors iugeroit on danger de mort. Il y a vne autre forme de directiõ attribuee aux parties & planettes retrogrades, qui se fait suyuant l'ordre naturel du premier mobile, au cõtraire de la consequẽce des signes: de laquelle l'artifice eſt ſemblable au premier: & n'y a autre difference fors que ce que nous auons appellé ſignificateur eſt icy prometteur, & le prometteur eſt icy ſignificateur. Le poinct meridional de la dixiéme maiſon faut diriger par les aſcenſions droites. Le poinct de l'aſcendant par les aſcenſions obliques trouuees à la table de la latitude de voſtre region. Les poincts & eſtoile, qui ſeront entre le meridien & l'horizon, par les aſcenſions obliques ſous le cercle auquel ils ſeront, lequel l'on nomme cercle de poſition: pour lequel trouuer: enſemble pour auoir les aſcenſions de chacun lieu ayant latitude ou non, il faut ſuyure la methode enſuyuante.

Premierement, il faut prendre la longitude des planettes, eſtoiles fixes, & autres lieux que vous voudrez diriger: c'eſt à ſçauoir le ſigne, degré & minute qu'ils tiendront au zodiac: & ce aux Ephemerides, ou autres tables aſtrono-

aſtronomiques, &c.

Secondement, il faut calculer leurs latitudes en degrez & minutes, couchees aux Ephemerides.

Tiercement, leur declination par le premier probleme du liure des directions de Iean de regiomonte.

Puis, leurs aſcenſions droites, par le tiers propleme dudit liure.

Puis encores, leurs diſtances du cercle meridien par le dixneufiéme probleme.

Incontinent, les cercles de leurs poſitions, par le vingtiéme probleme.

Conſequemment, les differences aſcenſionales par la table expreſſe.

Et finalement, les aſcenſions obliques par le dixiéme canon, ſi leſdites eſtoiles ſont entre le poinct meridien de la dixiéme maiſon, & le poinct de la quatriéme : ou les deſcenſions obliques par l'onziéme probleme, ſi elles ſont entre le poinct de la quatriéme &

de la dixiéme. Ce fait, ostez le nombre des ascensions obliques du significateur, du nombre des ascensions obliques du prometteur, prinses à la table du cercle de la positiõ du significateur: ou le contraire, si vous dirigez les parties, & planettes retrogrades. Ce qui restera de degrez, & minutes tournez en ans, mois, & iours: & par ce moyen aurez exactement le temps du bien & du mal qui vous doit aduenir par direction: entendant que vn degré vaut icy vn an, cinq minutes vn mois, vne minute six iours, & quelques heures dauantage. Qui se voudra aider des secondes, il touchera au but plus parfaictement.

Pour sçauoir les maladies & dangers de mort, il faut diriger les cinq lieux vitaux, que nous auons consideré cherchans le donneur de vie, aux estoiles fixes de violente nature, au poinct de la quatriéme, sixiéme, septiéme, huictiéme

ctiéme, à la queuë du Dragō, aux infortunes & leurs malins aſpects, aux parties de mort, & bien ſouuent au Soleil & à la teſte du Dragon. Semblablemēt pour la meſme conſideration faut diriger leſdits lieux pernicieux aux cinq lieux vitaux. A ces rencontres l'on iuge l'homme eſtre en grand danger de mort, quand les fortunes n'y iettent leurs fauorables rayons.

Pour les biens, honneurs, dignitez, amitiez, & autres conſiderations, il faut diriger les vns ſignificateurs des biens auec les autres, &c. Deſquels nous auons faict mention au premier liure, pourſuyuans les particuliers iugements des natiuitez.

Du ſeparateur, ou borneur, dit des Arabes Algebuthar.

CHAPITRE II.

LE separateur ou borneur, est le planette qui a dignité de terme au degré auquel respõd l'an multiplié auec les ascensions d'vn significateur.

Pour trouuer le separateur de la vie, prenez les ascensions obliques de l'ascendant, adioustez à icelles le nombre des ans de vostre aage, & cherchez le tout à la table de la latitude de vostre region, & regardez auquel signe & degré respondra ledit nombre, car iusques à ce poinct sera venue la perfection de vostre vie : voyez apres qui est le planette qui a dignité de terme audit degré : car iceluy sera le separateur de la vie. Par mesme moyen faut chercher les separateurs de l'honneur, des biens, des gains, des amis, & d'autres considerations, sur les cercles de leurs positions. Lesquels conuient chercher suyuant la susdite methode des directions.

Des seigneurs des triplicitez.

CHAPITRE III.

IL faut aussi noter tous les seigneurs des triplicitez des lieux qui signifient bien, ou mal, tant és significations de vie, que des biens, honneurs, amis, mariages, peregrinations, &c. S'ils sont bien disposez en la reuolution, ils signifieront bien, touchant la signification du lieu duquel ils sont seigneurs: s'ils sont infortunez, ils en signifieront mal. C'est à sçauoir les seigneurs des triplicitez des lieux vitaux, signifieront de la vie: des lieux de fortune, de richesses & proffit: des lieux d'honneur, de l'honneur, bien ou mal, selon qu'ils seront fortunez ou infortunez à l'heure de la reuolution.

Des reuolutions.

CHAPITRE IIII.

LE Soleil retournant au mesme poinct auquel il estoit à l'heure de la natiuité, fait la reuolution chascun an. Qui voudra donc sçauoir l'heure & minute de la reuolution, il faut qu'il cherche aux Ephemerides à quelle heure & minute le Soleil commence entrer au degré, minute, & seconde, auquel il estoit à l'heure de la natiuité. Si les Ephemerides ne vous semblent suffisantes pour cest affaire, ayez recours à vne table à ce propos descrite par Pierre Pitat au commencement des Ephemerides par luy corrigees & augmentees. Hierome Cardan vse d'vne autre que ie trouue assez exacte: laquelle il descrit en son liure de la restitution des temps & mouuements celestes, au cinquiéme chapitre.

Des iugements sur les reuolutions.

CHAPITRE. V.

Pre-

PRemierement, regardez comment est dispoſé le ſeparateur de vie en la figure de la reuolution. Car s'il est infortuné, il ſignifiera maladies & autres dangereux accidents : s'il est fortuné, il le tiendra ſain ioyeux toute l'annee. Semblablement faut iuger des ſeparateurs, des biens, amis, dignitez, & autres effects. C'est à ſçauoir qu'ils donneront bonne fortune eſdites ſignifications, s'ils ſont bien diſpoſez : ou perte & mauuaiſe fortune, s'ils ſont infortunez.

En ſecond lieu, voyez ſi les ſeigneurs des triplicitez des lieux vitaux ſont bien diſpoſez : & des lieux qui ſignifient richeſſes, honneurs, voyages, freres, parents, femmes & enfans, en faites autant. Car eſdites ſignifications l'hõme ſera heureux ou malheureux, ſelon que leſdits ſeigneurs ſeront bien ou mal diſpoſez. Et principalement faut considerer le seigneur qui dominera à vostre aage. Car le premier seigneur d'vne triplicité, gouuernera le premier aage: le second, le mylieu de la vie: le tiers, les derniers ans.

Tiercement, considerez qui est le planette qui a le gouuernement sur l'an de vostre aage : ce que les Arabes appellent Fridarie.

Quartement, le seigneur du signe auq̃l sera icelle annee venuë la profectiõ.

En cinquiéme lieu, le seigneur de la circulation : contant du seigneur de l'heure de la natiuité.

Puis, le seigneur de la circulation: contant du seigneur de l'ascendant de la natiuité.

Et si en l'ascendant de la natiuité est aucun planetre, il en faut semblablement faire circulation.

Outre ce, il faut regarder si aucun planette retourne aux mesmes signe & maison, ausquels il estoit en la natiuité.

tiuité. Car alors il ameine l'effect qu'il auoit signifié en la natiuité, principalement quand il retourne au mesme signe. Il faut aussi auoir esgard aux aspects qui se font en la reuolution, s'ils sont semblables à ceux de la natiuité. Car ce seroit vn renouuellement des effects desdits aspects.

Et ne faut oublier les changements des lieux. Car si vn benin planette est en la reuolution au lieu auquel vn malin estoit en la natiuité, le mal signifié par ledit malin en la natiuité, sera prohibé ceste annee par la presence du benin. Au contraire, si vn planette promet quelque bien en la natiuité, & à son lieu est en la reuolution quelque infortune, ledit bien signifié en la natiuité sera en la reuolution amoindri, ou perdu, à cause de ladite infortune. Les infortunes aux lieux des infortunes, augmentent le mal : les fortunes aux lieux des fortunes, augmentent le bien.

Pour iuger desdites considerations, il faut auoir recours à ce que nous auōs dit aux premiers deux liures des generales & particulieres significations des maisons, signes, planettes, aspects, & particulieres situations des planettes en signes & maisons. Ayans tousiours deuant les yeux la disposition des astres en la figure de la natiuité. Car si vn planette qui en la natiuité estoit grandement infortuné, est en la reuolution bien disposé, il ne pourra beaucoup proffiter, à cause de sa premiere infelicité. Semblablemēt faut iuger de ceux qui seront fortunez, és natiuitez. Lesquels és reuolutions infortunez, ne peuuent porter grand dommage.

Aucuns contemplent icy plusieurs autres choses, lesquelles par experience i'ay souuent trouué inutiles, fausses, & superfluës.

Des ans gouuernez par les planettes nommez des Arabes Fridarie.

chap.

CHAPITRE VI.

QVand la natiuité est diurne le Soleil gouuerne les premiers dix ans : Venus les huict ensuyuans : Mercure les treize apres: puis la Lune les neuf consequents: Saturne onze: Iupiter douze : Mars sept : la teste du Dragon trois: la queuë deux. Quand elle est nocturne, il faut commencer à la Lune, laquelle gouuerne les premiers neuf ans, puis Saturne, Iupiter, Mars, le Soleil, Venus, Mercure, la teste du Dragon, & la queuë, les leurs par ordre, comme nous auons dit. Aucuns par grande curiosité ont adiousté compagnie des autres planettes à chacun gouuernement. Ce que ie trouue auoir esté reprins par les Chaldees à bonne raison : Car l'experience a souuent demonstré & à moy & à plusieurs autres en la science bien experts, ceste subtilité estre trop curieuse, vaine, & supflue.

Des profections.

CHAPITRE. VII.

POur les profections il faut resoudre les douze maisons de vostre natiuité en parties egales sur l'ecliptique: tellement que si l'ascendãt est au premier degré d'vn signe, la seconde maison soit au premier degré du signe ensuyuant, & la tierce au premier degré du tiers signe: & pour conclure, que chacune maison commence par le premier degré comme la premiere maison. Par ainsi chacune maison contiendra trente degrez: & les premiers trente degrez de la premiere maison appartiendront au premier an que l'enfant sera né: les trente de la seconde, au second an: les trente de la troisiéme, au troisiéme an: & ainsi consequemmẽt iusques à douze. Douze ans passez, il faut recommencer à la premiere, puis venir à la seconde, troisiéme

ſiéme, quatriéme, &c. Et de douze en douze ans faut renouueller ledit circuit. Si vous trouuez en la reuolution aucun planette dedás les trente degrez seruás à voſtre annee, il ſignifiera quelque bien ou mal ſelõ ſa nature, & bonne ou mauuaiſe diſpoſition, & ſignification du lieu duquel ſera ladite profection : C'eſt à ſçauoir des lieux de vie, maladie, ou mort, ou bonne ſanté : des lieux des biens, richeſſes, perte, ou pauureté, &c. Communemẽt l'on cherche la profection de cinq lieux d'vne natiuité : c'eſt à ſçauoir du lieu du Soleil, pour l'honneur : du lieu de la Lune, pour les qualitez de l'ame enuers le corps & biens externes : du lieu de la partie de fortune, pour le gain & profit : de la dixiéme maiſon, pour les actions : de l'aſcendant pour la vie. Si le Soleil eſt donneur de vie, il le faudra conſiderer comme donneur de vie, & ſignificateur d'honneur enſemble.

Ce qu'il faut faire aussi des autre lieux, quand ils emportent plusieurs significations. Si donques vous trouuez aucun planette dedans les trente degrez de vostre professiion, & voulez sçauoir quel mois & quel iour aduiendra l'accident par luy signifié, regardez combien de distance y a entre le premier poinct de vostre profection, & ledit planette. S'il y a quinze degrez entre deux, ledit accident aduiendra au bout de six mois : s'il y a vingt-cinq degrez, au bout de dix mois. Car icy deux degrez & demy valent vn mois: vn degré vaut douze iours & quatre heures: trente minutes valent six iours : cinq minutes vn iour. De cecy il y a vne table assez exacte entre les documens de Pierre Pitat sur les Ephemerides. Exẽple des profections. Supposez que l'ascendant d'vne natiuité fust le quinziéme degré de Scorpius. Ie veux sçauoir où tombe la profection de l'ascendant

le

le dixiéme an complet de l'aage dudit enfant: ie conte dix signes depuis l'ascendant, apres lesquels ie trouue le quinziéme degré de Virgo, seruant apres dix ans cóplets, au onziéme courant. Ie dis dóc que audit temps la profection de l'ascendant est venue au quinziéme degré de Virgo, & finira celle annee au quinziéme degré de Libra: & ainsi contiendra trente degrez entiers: dedans lesquels si aucun planette est trouué, il signifiera bien ou mal de la vie, selon sa nature & disposition, comme si audit temps. Mars estoit au cinquiéme degré de Libra, ie dirois que l'enfant seroit fort fasché ceste annee, sur la fin des huict mois, pource que Mars seroit au lieu profectional de vie, distant du premier poinct de vingt degrez. Nous auons demonstré parauant comment deux degrez & demy valét vn mois, cinq degrez deux mois, quinze degrez six mois, & par consequent vingt degrez huict mois. Il faut noter que les profections se doyuent accommoder aux ans courans, & non complets. C'est à sçauoir le dixiéme signe est pour incontinent aprés neuf ans complets, qu'est le dixiéme an courant, &c.

Le seigneur de la circulation, depuis le seigneur de l'heure de la natiuité.

CHAPITRE. VIII.

Les Babyloniens tenoyẽt pour vn grand secret la circulation du seigneur de l'heure de la natiuité. C'est à sçauoir, ils disoyent que le seigneur de ladite heure signifioit de la vie comme l'ascendant: & le seigneur de l'heure ensuyuante, des biens, comme la seconde maison: & le seigneur de la troisiéme heure, des freress, comme la troisiéme maison: & ainsi consi consequemment des autres. Aux reuolutions ils donnoyent le seigneur de l'heure de la natiuité au premier an, le planette ensuyuant au second an, & ainsi consequemment suyuans l'ordre naturel des planettes. Comme si quelcun estoit né à l'heure de Venus, ce planette domineroit le premier an, le second an Mercure, le tiers la Lune, le quatriéme Saturne, le cinquiéme Iupiter, le sixiéme Mars, le septiéme le Soleil, le huictiéme Venus, le neufiéme Mercure, & ainsi par ordre. Et faut noter que nous prenons icy les ans courans & non les complets, pour accommoder ladite circulation des planettes.

De la circulation du seigneur de l'ascendant, & des planettes qui sont en l'ascendant.

CHAPITRE. IX.

LA circulation du ſeigneur de l'aſcendant & des planettes & parties qui ſont en l'aſcendãt ſe fait tout ainſi que nous auons dit du ſeigneur de l'heure d'vne natiuité: & par meſme ordre ſe doibt accommoder aux ans de l'aage de l'enfant. Du iugement nous auons fait mẽtion au propos des reuolutions.

Des eclipſes, & grandes conionctions appartenantes aux Reuolutions des natiuitez.

CHAPITRE X.

LEs eclipſes du Soleil & conionctions des ſuperieurs planettes cauſent communément beaucoup de maux, ſelon la concurrence des aſtres & natures des ſignes & planettes dominans auſdits lieux. Aux hommes cauſent maladies, quand ſe

font

font aux cinq prochains degrez de l'ascendant, ou du donneur de vie. S'ils touchent les autres parties, planettes ou maisons, ils produiront quelque malheur appartenant à la signification desdits lieux : principalement si au temps de la natiuité quelque telle cőstellation estoit en vigueur. S'ils touchent les lieux profectionnaux, ils feront quasi les mesmes effects, comme aux natiuitez.

Des particuliers rencontres de toute l'annee.

CHAPITRE XI.

POur les particuliers rencontres de toute l'annee, Ptolomee, Iean de Regiomonte, Gaurique, & plusieurs autres, se rengent fort sur les profections mésurnes & diurnes: desquelles il y a vne table expresse au liure des directions de Iean de Regiomonte, ayant plus de curieuse subtilité que de verité, comme souuent i'ay trouué par experience. Mieux me reuient la phantasie de Schoner, qui chacun iour considere si aucun planette touche les lieux des planettes, parties & maisons de la natiuité : ou leurs bons ou mauuais aspects. Ce q̃ i'applique aussi aux lieux profectionaux. Exemple. Soit l'ascendãt d'vne natiuité, ou le lieu de sa profection, le douziéme degré de Libra, le Soleil soit au quinziéme de Gemini, Mars au cinquiéme du Lyon. Toutes & quantesfois que le Soleil ou la Lune passera par dessus le cinquiéme degré du Lyõ, l'homme sera esmeu d'accidẽs martiaux, cõme de courroux, de quelque alteratiõ, douleur de teste, fieures, apostumes chaudes, feux volages, &c. Semblablemẽt quand touchera le cinquiéme degré de Scorpius, ou de Taurus,

rus, là où ſont les quadrats aſpects dudit lieu de Mars: ou le cinquiéme d'Aquarius, qui eſt le lieu oppoſite à Mars. Si aucun planette touche le cinquiéme degré de Libra, ou de Gemini (là où ſont les ſextiles aſpects) ou le cinquiéme de Sagittarius & d'Aries (qui ſont les trines aſpects dudit Mars) il ſignifiera quelque fauorable rencontre de capitaines, & de gents de guerre. Si les infortunes touchent le ſuſdit douziéme degré de Libra, que nous auons mis en l'aſcendant, ce ſera ſigne de quelque mauuais rencontre quant à la vie, & à la ſanté du corps. Semblablement faut iuger des autres attouchements, ſelon la nature des aſpects, par nous expliquee au ſecond liure. Ie contemple auſſi les lieux profectionnaux autrement. Car i'applique chacũ degré & minute aux iours auſquels tombe leur ſignification, & regarde les bons & mauuais aſpects des planettes chaçun iour, s'ils touchét le degré profectional. Exemple. De ladite natiuité, en laquelle estoit ascendant Libra, supposez que la profection fust venue au douziéme degré de Cãcer, au neufiéme an complet, & dixiéme courant, Le treiziéme degré de Cancer sert au douziéme iour apres le propre iour de la reuolution. Parquoy ie considere alors les aspects des planettes enuers ledit treiziéme degré. Semblablement fais-ie des autres degrez & minutes accommodez aux iours ausquels ils dominent. Et ce quant aux reuolutions.

FIN.

TABLE DES MATIERES contenues en ce present traicté.

DV SECOND LIVRE.

DV TIERS LIVRE.

seigneur

FIN DE LA TABLE.

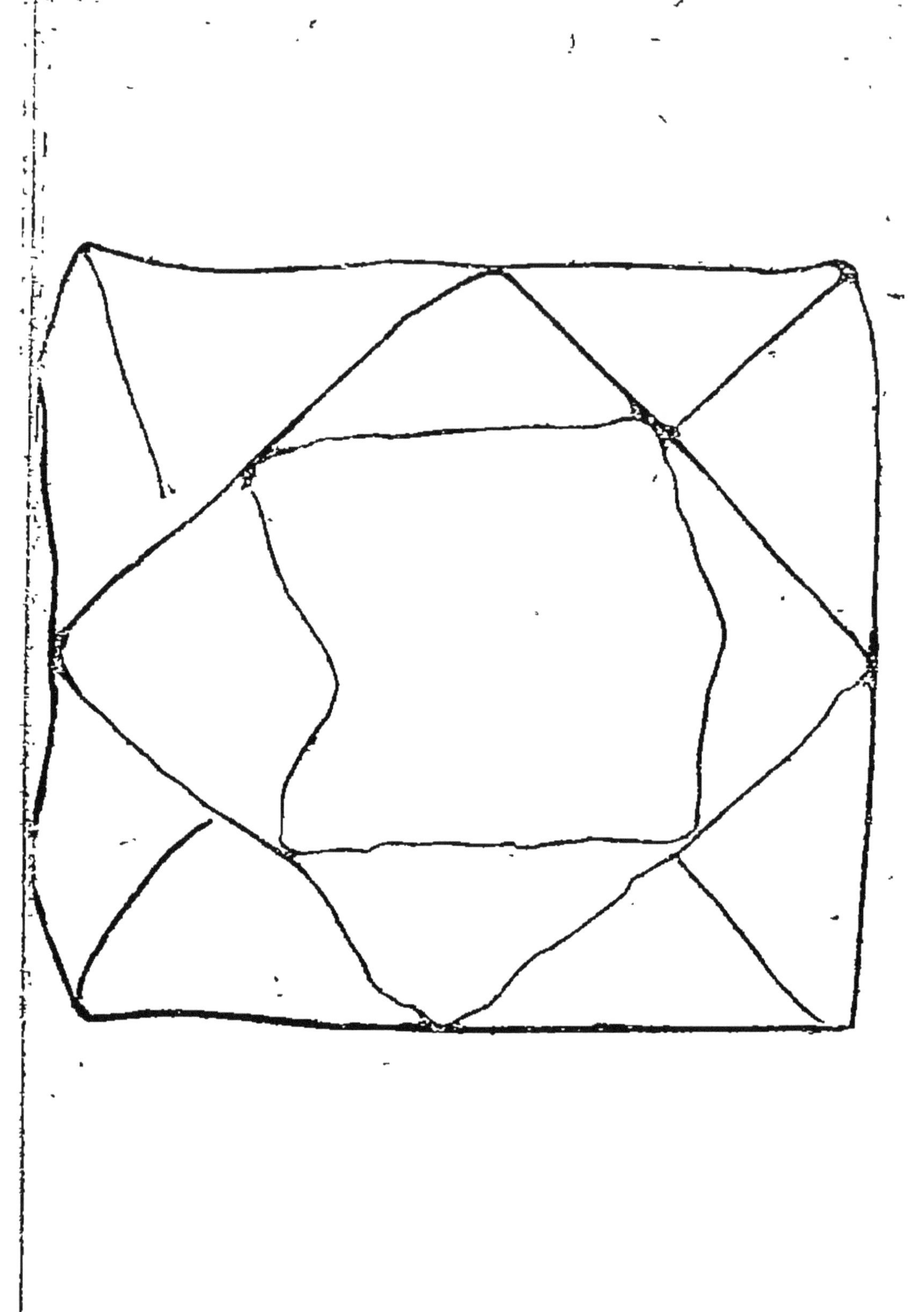

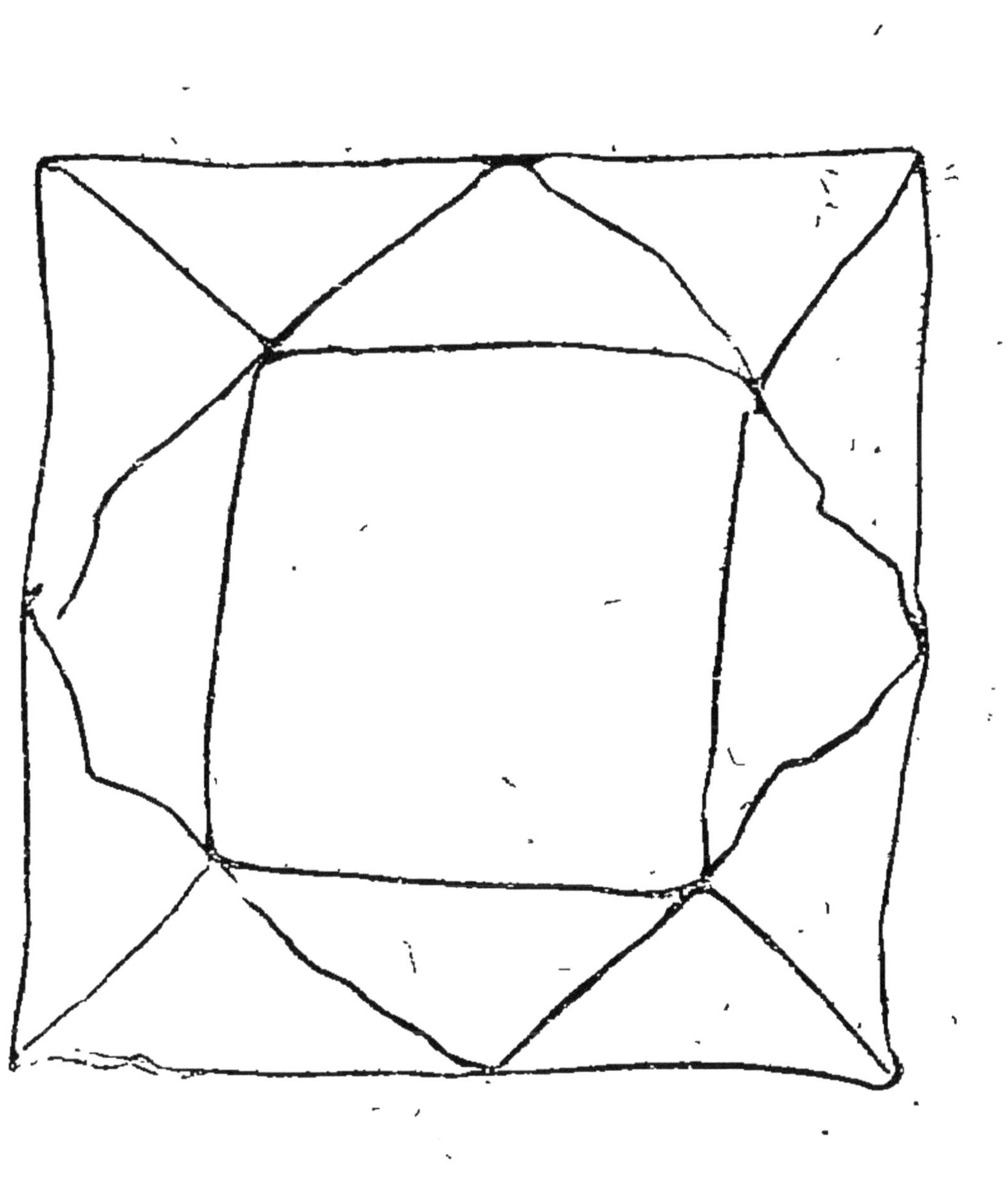

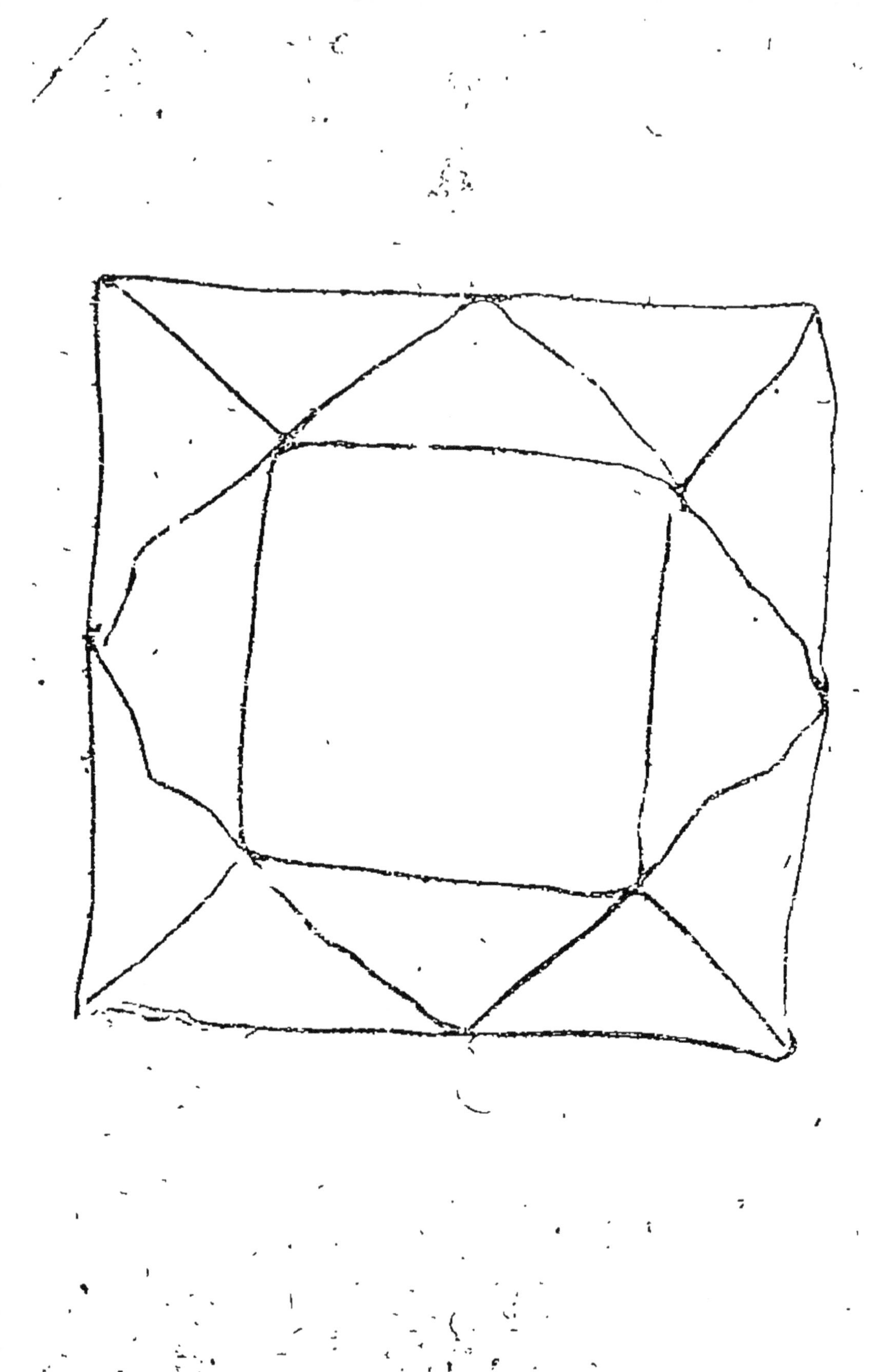

www.ingramcontent.com/pod-product-compliance
Ingram Content Group UK Ltd.
Pitfield, Milton Keynes, MK11 3LW, UK
UKHW031045260726
13965UKWH00006B/516